马铃薯生产田（收获场面）（姜泽德　提供）

大棚内收获的微型薯（姜泽德　提供）

马铃薯装运（姜泽德　提供）

马铃薯块茎（姜泽德　提供）

作者与其他专家考察马铃薯田苗情（姜泽德　提供）

马铃薯生产田（苗期）（姜泽德　提供）

马铃薯生产田（花期）（姜泽德　提供）

马铃薯植株（姜泽德　提供）

土豆烧（炖）牛肉（李济宸　提供）

拌土豆丝（李济宸　提供）

土豆片炒肉（李济宸　提供）

土豆丸子（李济宸　提供）

土豆饼（李济宸　提供）

土豆泥（李济宸　提供）

蒸土豆（李济宸　提供）

烤土豆（李济宸　提供）

土豆包子（李济宸　提供）

土豆蒸饺（李济宸　提供）

主粮主食马铃薯

——铁杆庄稼　百姓福食

李济宸　李　群　唐玉华　编著

中国农业出版社

图书在版编目（CIP）数据

主粮主食马铃薯：铁杆庄稼　百姓福食/李济宸，李群，唐玉华编著．—北京：中国农业出版社，2015.6

ISBN 978-7-109-20614-4

Ⅰ.①主…　Ⅱ.①李…②李…③唐…　Ⅲ.①马铃薯—普及读物　Ⅳ.①S532-49

中国版本图书馆 CIP 数据核字（2015）第 141290 号

中国农业出版社出版

（北京市朝阳区麦子店街 18 号楼）

（邮政编码 100125）

责任编辑　闫保荣

中国农业出版社印刷厂印刷　　新华书店北京发行所发行

2015 年 7 月第 1 版　　2015 年 7 月北京第 1 次印刷

开本：880mm×1230mm 1/32　　印张：4.875　彩插：2 页

字数：104 千字

定价：20.00 元

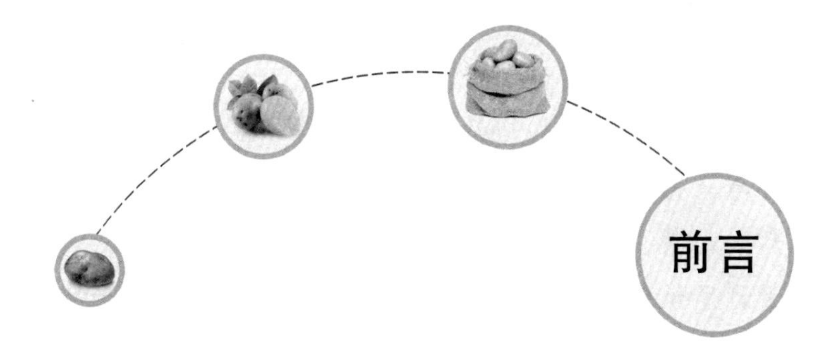

前言

河北省围场满族蒙古族自治县是我国著名的马铃薯之乡，2013年种植马铃薯面积65万亩[①]，总产量达90万吨，每年向20多个省（自治区、直辖市）供应商品薯、种薯2.5亿多千克，加工3.0亿千克，自食和留种1.5亿千克。21世纪初期年产值5.0亿元，财政收入310万元，农民人均纯收入510元。马铃薯已成为围场县富民强县的支柱产业。

我在承德地区农业局和承德市农业局工作期间，经常到围场县调研及督导工作，并亲自组织马铃薯科研及推广项目，先后完成了马铃薯病害调查，发现病害新纪录国内2种，省内2种。研制出马铃薯专用复合肥配方，并大面积推广应用。研究总结出马铃薯高产配套栽培技术，并在广发水乡进行大面积生产实践，创出万亩平均亩产1 732.5千克的好收成。

① 亩为非法定计量单位，15亩=1公顷。——编者注

虽然组织参加马铃薯科研和推广工作多年，经常与马铃薯打交道，但对它的营养价值及保健功能却知之甚少，或者说全然不知。一次偶然机会，我看到了承德地区农业考察团从国际马铃薯中心带回来马铃薯英文科技资料，特别是营养方面的资料，边译边看，真是大开眼界，不起眼的“山药蛋”（马铃薯）竟有这么高的营养价值及特殊的功能。据我了解，许多消费者同我一样，不识马铃薯的“庐山真面目”。如果广大消费者都能认识马铃薯的营养价值及保健功能，不仅能多吃马铃薯，促进身体健康，而且还能扩大内需，拉动马铃薯生产，实为一件好事。于是，我萌生了写本小册子的想法，把鲜为人知的马铃薯营养及保健功能介绍给广大民众，使更多的人了解马铃薯并从中受益，在这种思想的支配下，我开始搜集有关资料和撰写。说起来容易，做起来很难，曾遇到许多意想不到的问题，但经过七八年的勤奋工作，三易其稿，终于与广大读者见面了，也算了却一件心事。

吁请广大消费者在茶余饭后，翻翻这本小册子，了解马铃薯、熟悉马铃薯、宣传马铃薯、食用马铃薯，使国人在从吃饱到吃好的转变过程中，在饮食结构的调整中，充分发挥马铃薯的作用，特别是保健养生祛病、美体和美容等的功能和作用。

随着马铃薯“两主”（主粮、主食）战略的实施，会进一步深化对马铃薯保障粮食安全及人民饮食营养健康的认识，认识的提高有助于马铃薯“两主”发展战略的实施。撰写此书意在为人民饮食健康提供帮助，做些有益的工作。

在编写本书过程中，谭宗九先生、张国强先生提供了一些中、英文资料，姜德泽先生提供部分照片，对此表示衷心地感谢。

由于水平有限，不足之处在所难免，望广大读者批评指正。

李济宸

2015 年 1 月于承德

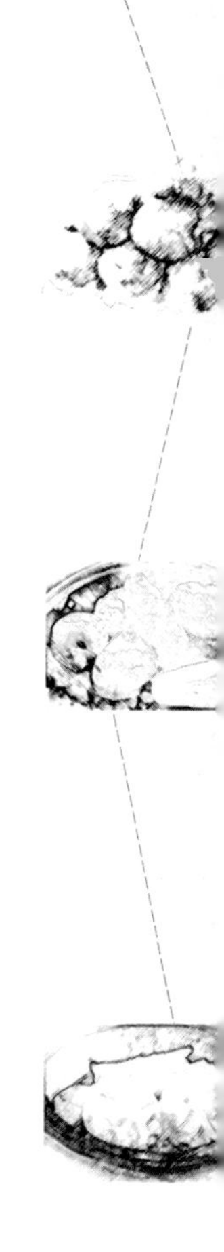

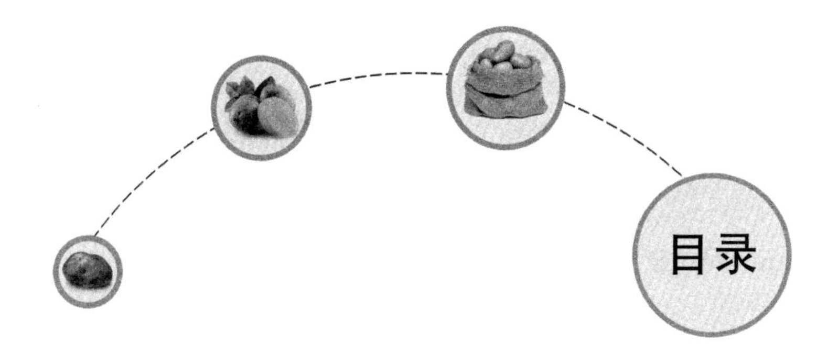
目录

一、马铃薯作主粮助力粮食安全

“民之大事在于农”。2015 年我国实施马铃薯主粮化发展战略。小麦、水稻和玉米为我国的三大主粮，马铃薯排在其后为第四大作物，作为主粮名副其实，并有独特的优势。

马铃薯适应性强，种植地域广，我国东西南北中不同地域，海拔从低到高不同地势，春夏秋冬不同时空都有种植；其产量高，单产居各种农作物之首；其生物学特征独特，耐寒、耐旱、耐瘠、抗灾，收成好；其生产节水、节地、节肥、节药，田间管理简便易行，生产成本相对较低，便于机械化操作；其可清种（单一种植），也可间、套、复种，利于扩大种植面积，提高单产潜力大，增加总产幅度大；其加工产品种类多、品种多，产业链长，附加值高；其营养种类、成分齐全，含量丰富，有多种健康食品的美誉，民众十分喜爱；其便于贮藏、运输和销售，满足市场需求，完全具备主粮生产面积大、产量多，市场波动小，吃法花样多的基本条件，是广大民众的当家粮。

农业部副部长余欣荣指出，“马铃薯主粮化开发是深入贯彻中央关于促进农业调结构、转方式、可持续发展的重要举措，是新形势下保障粮食安全、农民持续增收的积极探索，要牢固树立营养指导消费、消费引导生产理念，以科技创新为引领，多措并举，努力形成马铃薯与谷物协调发展新格局，以更好地满足人民群众对主粮消费营养健康的新要求”。

马铃薯主粮化的内涵，就是用马铃薯加工成适合中国人消费习惯的馒头、面条、米粉等主食产品，实现目前马铃薯由副食消费向主食消费转变、由原料产品向产业化系列制成品转变、由温饱消费向营养健康消费转变，作为我国三大主粮的补充，逐渐成为第四大主粮作物。

马铃薯主粮化的发展目标是，力争通过几年的努力，使马铃薯的种植面积、单产水平、总产量和主粮化产品在马铃薯总消费量中的比重均有显著进步，逐步实现马铃薯生产品种专用化、种植区域化、生产机械化、经营产业化、产品主食化，形成马铃薯与谷物协调发展的新格局。

马铃薯主粮化推进的原则是，要做到“一不三坚持”。“一不”就是不与小麦、水稻和玉米三大主粮抢水争地。“三坚持”就是坚持主食化与综合利用相兼顾，坚持政府引导与市场决定相结合，坚持整体推进与重点突破相结合。

马铃薯主粮化开发是落实中央提出的农业要强、农民要富、农村要美的措施之一。农业部在 2015 年工作要点中对马铃薯主粮化开发工作进行了部署，必将有力推动该项工作的进程。

二、马铃薯是植物之王、高产之王和营养之王

马铃薯单位面积生物产量在植物中最高，故有植物之王的美誉；其单产居各种农作物单产之冠，是名副其实的高产之王；其集粮果菜于一身，在农作物中营养素最全，故称营养之王。本书主要介绍马铃薯作主粮主食对粮食安全、民众健康的作用，以及它的营养成分、含量、特点及养生保健功效。

（一）马铃薯的名称、桂冠及美誉

1. 马铃薯的名称。马铃薯是它的学名，全球通用。而在各地它还有许多的“小名”。例如：土豆、地豆、山药、山药蛋、地蛋、洋芋、洋山芋、土芋、番芋、番人芋、香芋、洋番芋、荷兰薯、爪哇薯、番仔薯、洋山药、土卵、鬼慈姑，番鬼慈姑，等等。

马铃薯名称的多样性，显示出它种植地域的广泛性，食用的普遍性，用途的多样性，以及美誉的大众性。简要分析一下马铃薯的这些名称，可以看出起名的根据及想法。一是马铃薯长在土里，形状如豆，故称为土豆、地豆。二是长得与芋（芋是一种农作物、球茎长在土里，它可以食用）相似，故称为土芋、香芋。三是从外国传入中国的，从洋人那里传来的，故称为洋芋、洋山芋。四是从某个国家或地区传来的，故称荷兰薯、爪哇薯。五是长得如禽蛋，慈姑那样，故称为山药蛋、鬼慈姑。这些形象、好记、上口的名字，对于马铃薯的扩散、传播和发展起到促进作用，功不可没。

2. 马铃薯的桂冠及美誉。由于马铃薯对人类生存和发展、发展经济和提高人民生活水平及质量起到了重要的作用，故自古以来就深受广大民众的青睐和好评，所以人们给了马铃薯许多美誉和桂冠，现择其要者简介如下。

爱尔兰人称，婚姻与马铃薯至高无上。

法国人赞美，马铃薯是地下的苹果。

植物学家称，马铃薯是植物之王。

农学家称，马铃薯是高产之王（亩产16 000千克，居各种农作物单产之首）。

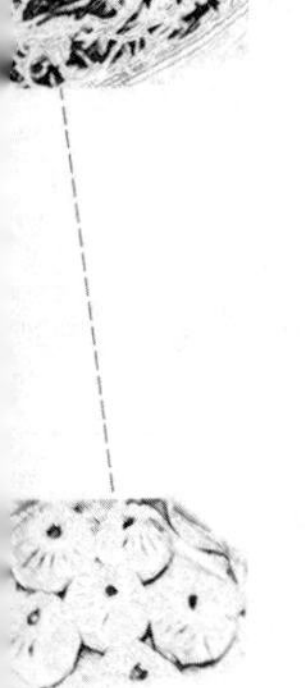

经济学家称，马铃薯是拯世之宝。

农民朋友称，马铃薯是铁秆庄稼（耐瘠、耐旱、耐霜），度灾（荒）能手（收获籽粒的农作物受灾严重可颗粒不收，而马铃薯收获块茎只是多少问题，不会绝产）。

营养学家称，马铃薯是全能营养食物，第二面包，长寿食品，重要的宇航食品，十全十美的食物。

营养师称，马铃薯是保健食品，减肥佳品，美容佳品。

神奇的药食同源食物。

近些年来，营养学家多次把马铃薯评为“十大营养健康食品”之一，“21 世纪健康食品”。全球健康商品最新榜（2011 年）的蔬菜榜中，马铃薯榜上有名。

在 2015 年 1 月中国农业科学院和国家食物与营养咨询委员会等单位召开的马铃薯主粮化战略研讨会上，把马铃薯确定为“双主”（主粮、主食），必将使马铃薯生产及消费有质的发展。

（二）马铃薯是一种优良的块茎作物，用途十分广泛

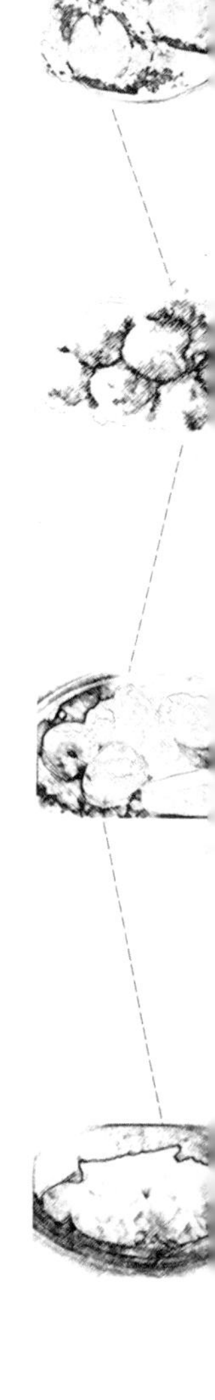

1. 马铃薯是一种优良的块茎作物。马铃薯是一年生草本块茎植物，为茄科（Solanaceae）茄属（*Solanum*）结块茎的种（*Solanum tuberosum* L.）。块茎（马铃薯）是营养贮存器官，既是食用、加工部分，也是生产上播种使用的种薯。

2. 马铃薯是民众喜欢的食物。马铃薯营养成分齐全，含量丰富，对于营养安全具有重要作用。马铃薯既可作主食，也可作蔬菜，还可加工 8 大类百余种食品，能满足不同群体的需求，1802 年美国总统杰克逊在白宫宴请客人，第一次用油炸土豆，味香、好吃，从此兴起油炸土豆，2008 年英国首相戈登·布朗在伦敦宴请 20 国集团领导人（首脑）的一道菜就是土豆泥，说明马铃薯营养、时尚、珍贵。马铃薯既能登大雅之堂，更能为百姓解决营养问题。20 世纪 60 年代，我国经济困难时期，马铃薯为解决民众的温饱问题立

了大功，故有拯世之宝的美誉。那时，老少边穷地区，冬季没有蔬菜，靠马铃薯解决了缺乏维生素（特别是维生素C）引起的缺素症问题，而21世纪以来，马铃薯在提高人民饮食质量方面已经和将继续发挥重要的作用，对于民众的营养安全功不可没。

3. 马铃薯用途十分广泛。对于马铃薯是粮食、蔬菜、饲料大家比较清楚，但它远不止这些，它还是经济作物，园艺作物，加工原粮作物，能源作物，药用保健作物，度灾备荒作物……马铃薯身份的多样性，决定了它用途的广泛性。

首先，马铃薯集粮菜果于一身，样样出色。许多国家和地区把它作为主食，欧美一些发达国家50%以上的马铃薯加工成各种食品，是主食的重要组成部分，我国90%以上的马铃薯是鲜食，主要作各种菜肴，马铃薯既可作主食，又可作副食，是民众饮食的重要组成部分，要想吃得好，土豆离不了，马铃薯对于人类和社会发展起了很大的作用。

其次，马铃薯能加工成淀粉、变性淀粉、全粉、雪花粉及其衍生物，均可食用或工业上用，马铃薯1 000千克可制成干淀粉140千克或糊精100千克。

第三，马铃薯淀粉是食品工业、酿造工业、医药工业、纺织工业、铸造工业和合成橡胶等的重要原料。马铃薯淀粉能用于生产糖浆、饴糖、麦芽糖、果糖、糖色等；用来生产酒精，1 000千克马铃薯能生产出淀粉（干）140千克，用这些淀粉生产40°酒精95升；还可用其淀粉生产葡萄糖、谷氨酸钠、赖氨酸、柠檬酸和酶制剂等药品；用马铃薯淀粉（干）140千克可合成橡胶15～17千克。

第四，马铃薯加工食品科技含量高，产业链长，加工食品种类多、产品多，有 8 大类 100 多种食品。

马铃薯加工产品增值幅度大，赚钱多。算一下账就十分清楚了，如果马铃薯鲜薯 1 千克卖 1 元钱，用传统的加工方法加工成淀粉，则增值 30%；再用该淀粉加工成粗粉条，则增值 80%；而用鲜薯在麦当劳快餐店制成薯条，就增值 15 倍；如果把马铃薯加工成环糊精，就增值近 20 倍；用它加工成油炸薯片，就增值 25 倍；用它加工成膨化食品，就增值 30 倍，不算不知道，一算加工增值不得了。所以，在食品店、快餐店里马铃薯食丰富多彩，琳琅满目，深受广大消费者喜爱和欢迎。

第五，马铃薯是畜禽的优质饲料。马铃薯是民众的美食，饲喂畜禽当然更好了。马铃薯可以用来生产饲用酵母、蛋白饲料等，广泛用于饲喂猪、鸭、鹅、鱼等，效果很好。

马铃薯能用于这么多的行业，且非常出色，实为罕出，小小马铃薯，真有大作为。

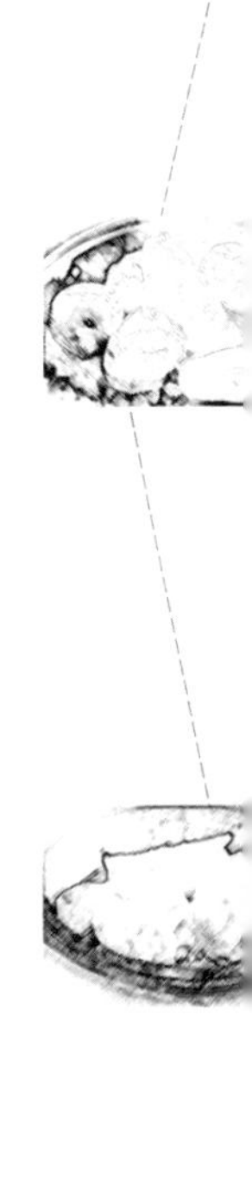

（三）马铃薯对粮食安全有重要的作用

民以食为天。随着人口的发展，需要粮食愈来愈多，特别是我国有 13 亿人口，只能立足粮食基本自给，否则，谁也供不起我们，或受制于人，发展马铃薯生产，有许多优势。

1. 马铃薯适应地域广，种植面积大。有关资料显示，到 2007 年，全世界已有 160 个国家和地区种植马铃薯，种植总面积近2 000万公顷，总产量达3亿多吨，成为继水稻、小麦和玉米之后的第四大粮食作物，还有一定的发展余地。

在中国北起黑龙江畔，南至南海诸岛，东抵沿海之滨，西到青藏高原和新疆都能种植马铃薯，东西南北中，哪种哪有好收成。

2. 马铃薯产量高，增产潜力大。英国科学家研究结果显示，马铃薯每亩单产可达1.6万千克。大面积生产实践结果显示，一个国家马铃薯平均单产超过2 500千克的有荷兰、瑞士，其中，部分地区单产超过3 500千克，高的达6 500千克以上。我国科技人员王荣贵等在内蒙古自治区乌兰察布盟右后旗红格尔图创出亩产6 300千克的好收成。

2006年，我国马铃薯种植面积为501.75万公顷，总产量7 435.55万吨，平均单产14.82吨/公顷，略低于世界平均产量16.74吨/公顷的水平，总体看，马铃薯单产水平低，增产潜力很大。

3. 马铃薯抗逆性强，抗灾能力大。马铃薯植株耐瘠薄、耐旱、耐霜，在其他农作物受自然灾害影响受灾时，而马铃薯抗逆性强，受到的影响相对较小。方式、杨不扬两位同志长期生活工作在马铃薯生产区，对马铃薯观察十分细致，认识深刻，现把他们赞扬山药蛋的文章摘录如下，“山药蛋多么土气的名字啊，默默无闻的埋在土里，不张扬，不招摇、不奢华，不风骚。似乎是傻里傻气，愣头愣脑。但它圆而不滑，胖而不腻，憨而不傻，愣而不彪。个再大也不空心，个再小也没有秕子。大的可以人吃，小的可以加工淀粉或喂猪。总之，大小都有它的自身价值。”

“风也罢雨也罢，旱也罢涝也罢，它总是以饱满热情回报大自然的恩赐。小麦遇到了冰霜，砸得披头散发，卑躬屈膝。而山药蛋秧虽砸秃了，但依旧我行我素，痴心不改。莜麦遇霜蔫头耷脑，而山药蛋呢，依旧不声不响积攒能量，以接受更严峻的考验。莜麦遇到了暴风雨瘫软在地面上，而山药蛋呢，毫不在乎，以顽强执着的精神奋发向上，纵然是马踏牛踩，也从不哼哼哟哟”。[①]

马铃薯还是备荒抗灾作物。马铃薯早熟品种生育期只有2～3个月，遇到严重自然灾害其他农作物不能成熟时，就会造成严重减产，甚至绝收，而马铃薯生育期短（早熟品种），却能成熟，马铃薯生产是收获块茎，只有薯块大小、收获多少的问题，不会有绝收的问题，因此，在严重自然灾害的年份，种其他农作物（特别是收获籽粒的粮食作物）没有希望时，马铃薯的优势十分明显，因此，马铃薯是名副其实的备荒作物，抗灾作物。

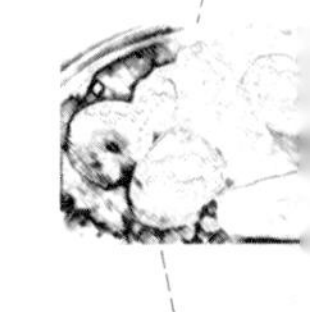

4. 马铃薯抗旱性强，光合生产效率高。我国耕地60%以上为旱地，为雨养农业。有关研究资料显示，生产1吨马铃薯需用水240升，而生产1吨小麦需用水500升，生产1吨大米需用水940～2 400升，马铃薯生产对水的利用率较高。在干旱、半干旱地区的主栽粮食作物马铃薯、春小麦、春谷子、莜麦和荞麦中，马铃薯抗旱能力最强，如果以丰产水平的产量为100%，而在干旱年的产量，春谷子为55%，

① 马铃薯、春小麦、莜麦、荞麦是承德坝上地区的主栽作物，故作者把它们进行比较——编者注

春小麦为58%，荞麦为57%，而马铃薯为76%，产量最高，或者说减产最少，说明马铃薯抗旱能力最强，是天然的耐旱作物。

总之，马铃薯集粮食、蔬菜、水果和药材于一身，同时具有粮、菜、果、药的营养物质优势，同时具有粮食作物、经济作物、园艺作物、蔬菜作物、加工原料作物、饲料作物、能源作物、药用保健作物、度灾（荒）作物等的特点，真是用途广泛，能力巨大，是大自然恩赐给我们的珍贵物种，拯世之宝。我们要充分发展和利用，以充分发挥它在各方面的作用，为人类发展、壮我民族做出更大的贡献。

三、马铃薯植物学特征和生物学特性

（一）马铃薯植物学特征

如上所述，马铃薯是植物之王、高产之王和营养之王，那么，马铃薯植株长得什么样，有哪些特征，对它应有些感性认识。马铃薯植株由根、茎（地上茎、地下茎、匍匐茎、块茎）、叶、花、果实和种子 6 部分组成，简介如下：

1. 根。播种种薯（无性繁殖器官）长出的根是须根系；播种种子（有性繁殖器官）长出的根是直根系。根的主要功能是固定植株和从土壤里吸收水分及营养物质，特别是无机盐。

2. 茎。马铃薯茎包括地上茎、地下茎、匍匐茎和块茎，现分别介绍如下。

（1）地上茎。地面以上的主枝（干）和分枝统称为地上茎，其高度一般为 30～100 厘米，都是直立或半直立型。茎的颜色多为绿色，也有绿中带紫色或褐色的。

地上茎的主要作用有三，一是支撑植株上的分枝及叶片。二是把根系吸收的水分和营养物质输送到叶片里。三是把叶片制造的有机物质输送到植株的各部分特别是块茎，贮藏起来。

（2）地下茎。马铃薯植株地下茎是主茎的地下部分，与地上茎是相对称的。地下茎长度一般为 10 厘米左右，其长度多少受播种深度及田间管理培土厚度的影响。

地下茎的主要功能是生长根系及匍匐茎，其节间非常短，一般有 6～8 个节，在节上长匍匐根和匍匐茎。

（3）匍匐茎。地下茎节上的腋芽生长发育成匍匐茎，实际上是茎在土壤里的分枝，故又为匍匐枝。匍匐茎（枝）尖端膨大形成了块茎。

匍匐茎的功能主要是在尖端形成块茎及向块茎里输送叶片进行光合作用生产的有机物质。

（4）块茎。块茎是由匍匐茎尖端膨大形成的一个短缩而肥大的变态茎，具有地上茎的各种特征，但它没有叶绿体。块茎连匍匐茎的部分是脐部（也称为尾部），与此相反的另一端是块茎的顶部（称为踵部）。

块茎的主要功能是贮藏营养物质，即是食用、加工部分，也是无性繁殖器官，生产上作为种薯使用。

块茎的其他特征特性，在下面的有关章节进行详细的介绍。

3. 叶。马铃薯第一个和第二个初生叶是单叶，以后长出的叶片是不完全复叶和复叶。复叶由顶生小叶和 3～7 对侧生小叶，以及侧生小叶之间的小裂叶和复叶叶柄基部的托叶所构成。

叶片的主要功能是进行光合作用，制造有机营养物质如糖类等，并释放氧气。

4. 花。马铃薯花序为聚伞形花序，每个花序有 2～5 个分枝，每个分枝上有 4～8 朵花，花器较大，并冠有白色、蓝色、紫红色等颜色。雄蕊一般 5 枚，雌蕊 1 枚。

花是有性繁殖器官，主要功能是授粉后产生果实和种子。

5. 果实和种子。马铃薯开花授粉后，由于房膨大形成果实。

果实为浆果，它呈圆形或椭圆形，绿色、褐色或紫色。果实内含有种子，一般为 100～300 粒，种子很小，千粒重只有 0.3～0.6 克。种子是有性繁殖器官。播种种子长出的苗称为实生苗。实生苗生长发育结出的块茎称为实生薯。

（二）马铃薯块茎的形态及生物学特性

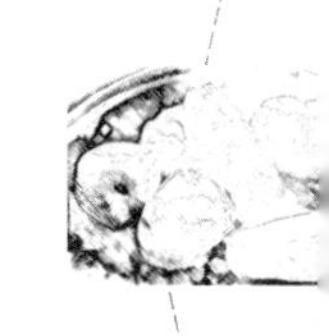

马铃薯的块茎又称马铃薯、薯块。因它是无性繁殖器官（种薯），又是食用及加工部分，所以，对马铃薯形态及特性应有详细地了解。

1. 块茎的形态特征

（1）形状。马铃薯通常为圆形，椭圆形，长圆形，扁球形，圆桶形，枕头形等，由于其形状不同，在食用前或加工前削皮带些薯肉的损失量也有所不同，圆筒形或枕头形的削皮方便且损失量较小，特别适于机械化削皮。

（2）颜色。马铃薯表皮一般为白色，白黄色，黄色，白

中带红的花色，深红色。最近又选育出黑色的品种。不同的消费者喜欢不同颜色的薯块，这也往往影响到市场上的销售量。

薯肉（薯皮内的内部组织）颜色。一般为白色或淡黄色，个别品种也有浅红色、浅蓝色或紫色，往往薯肉颜色也影响其销售量。

（3）薯皮（表皮层）。马铃薯表面覆着一层较硬且密实的表皮层，它由僵死的厚壁细胞组成，细胞中充满了干涸的细胞原生质。紧贴着表皮的是木栓化的细胞层，一般称其为周皮。表皮和周皮是马铃薯的保护层，一是阻挡病原菌的侵入，二是防止营养和水分的流失，三是其本身营养成分含量丰富，在蒸煮等烹饪过程中，可防止营养特别是维生素和矿物质流失。

（4）芽眼。马铃薯薯皮上有鳞片状小叶，小叶凋萎后残留的叶痕呈月牙状，称为叶眉。叶眉往里凹陷成芽眼。芽眼在薯上呈螺旋状排列。每个芽眼里有 3 个或 3 个以上的芽，中间的是主芽，其余的是副芽。由于马铃薯品种不同，其芽眼的深浅有较大的差异。芽眼深的薯块，一般削皮要深，带下去的薯肉就多，结果造成浪费。芽眼对于种薯十分重要，只有带芽眼的芽块，播种后才能长出幼苗，进而长成马铃薯植株。

（5）气孔。马铃薯表皮上有许多气孔，又称为皮孔或皮目。通过气孔薯肉组织与外界进行气体交换，保持薯块进行正常的代谢活动。有的品种表皮上气孔较多，或在土壤黏重湿度大时，使气孔细胞裸露，在薯块表面形成许多小疙瘩，结果影响了薯块的商品质量，也给食用加工前削皮增添了麻烦。

（6）薯块大小。马铃薯个头大小与其品种特性及田间管理水平有关，一般说来，良种加良法生产的薯块就大，与此同时，大的薯块其营养含量水平也高。

我们在河北省围场满族蒙古族自治县棋盘山科技示范园区的产量试验结果显示（品种为克新 1 号）、1 亩地产马铃薯1 003.8千克，属中等产量水平，薯块大小分级的结果是，小薯（单薯小于 50 克）占薯块总数的 8.6%；中薯（单薯重在 50.1～150 克）占薯块总数的 44.6%；大薯（单薯重在 150.1 克以上）占薯块总数的 44.8%，其中有的薯块重达1 000克以上。

因为大薯含干物质多，营养丰富，再加上清洗、削皮方便，故人们买薯时都愿意挑大个的。

2. 块茎的结构。马铃薯无论个头大小，形状如何，其内部结构都是一样的，先看一个薯块的横切面，详见图 1。

图 1 显示，马铃薯由表及里依次为表皮、周皮（可形成

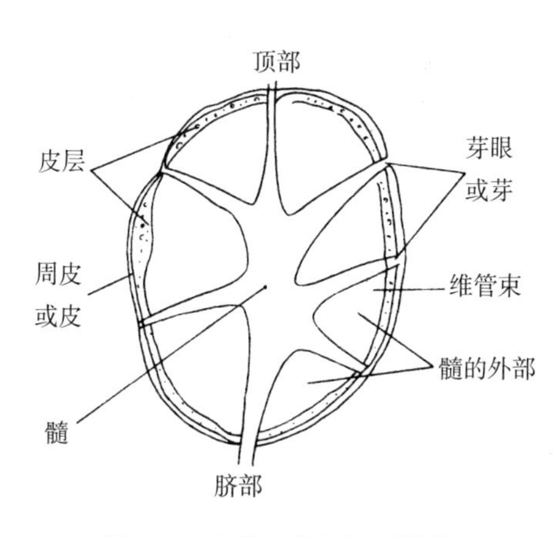

图 1　一个马铃薯的切面结构

木栓层)、薄壁细胞、维管束和髓等部分组成。

表皮由长方形细胞组成，厚 10 层左右，一般无色，有时呈红色或紫色，这是由花青甙色素引起的。表皮细胞逐渐老化，形成木栓质或木栓层，它不透水，不透气，对马铃薯有很好的保护作用。

表皮（或木栓层）是皮层。皮层由真皮层及部分薄壁细胞融合在一起组成。真皮层厚度不超过 2 毫米，皮层厚度达 3～10 毫米。

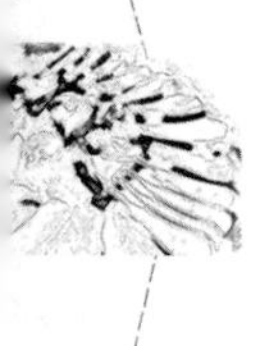

皮层往里是薯肉。薯肉由薄壁细胞、维管束和髓部组成。维管束是输导系统，其功能是输送水分和营养物质。髓部由薄壁细胞组成，薄壁细胞是贮存淀粉等营养物质的场所。从马铃薯横切面看，在维管束环附近淀粉最多。而由维管束环往里及往外组织里的淀粉含量逐渐减少，其中髓部组织里的淀粉含量最小。

再从马铃薯的纵切面看，薯脐部（尾部）的淀粉含量比顶部多，其中顶部中心的淀粉含量最小。芽眼的淀粉含量较多（或及时供给）。

马铃薯组织细胞结构简单。它由细胞壁、细胞质和细胞核组成。细胞壁由纤维素和果胶质组成。细胞质是呼吸及合成淀粉的场所。

淀粉在马铃薯里的分布很规律，其分布与马铃薯的形状和大小没有关系。

3. 马铃薯各部分占薯重的比例。前面结合马铃薯的结构简要介绍了淀粉的分布情况，薯块不同部分占薯重的比例及与大小薯块重量的关系，详见表 1。

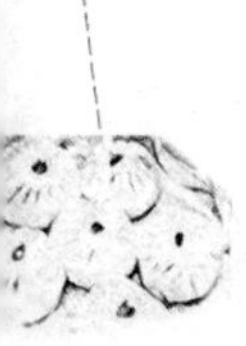

表1　马铃薯各部分占薯块重量的比例（%）

薯块等级	皮层	皮层至维管束	髓外部分	髓部
大　　薯	2.8	52.2	31.3	13.7
小　　薯	2.8	37.0	40.0	20.2
特殊薯块	5.9	33.0	35.4	25.7

表1结果显示，薯肉（皮层至维管束）和髓外部的薯肉占薯重比例最大，髓部次之，皮层最少。

薯块大小不同，各部分占薯重的比例有一些差异，大薯的薯肉（皮层至髓外部）占薯重的比例大，比小薯的多15.2个百分点，而小薯的髓外部薯肉和髓部占薯重的比例大，分别比大薯的多8.7、6.5个百分点。说明大薯的薯肉里贮存干物质多、淀粉多、营养含量高，质量好，薯块蒸煮熟后易“开花”（即表皮裂开），薯香四溢，非常诱人。故消费者都愿意买大薯，营养丰富，削皮方便、省事。

4. 马铃薯生物学特性对生产及食用的影响。这里主要介绍马铃薯生长的二重性和萌芽性对其生长和食用的影响。

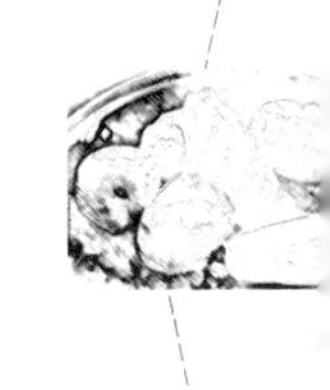

（1）马铃薯生长的二重性。在一定的条件下，马铃薯的地上茎可以转变成地下茎，同样，地下茎也可以转变成地上茎，这就是其生长的二重性。

收获前马铃薯一直埋在土壤里，在黑暗的条件下，薯块保持原有的薯色；如果薯块长期暴露在阳光下，其表皮就会变成绿色，过去认为薯块变绿产生毒性，就不能食用了，现代研究结果显示，薯块在阳光照射下薯皮变绿，是产生叶绿素导致的，并不产生毒性，且是营养物质，仍可食用，但薯块变绿降低商品质量，影响销售。

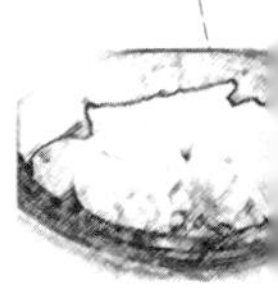

可利用马铃薯生长的二重性，加强田间管理，及时培土，增加培土厚度，使地上茎转变成地下茎，多结薯，防止阳光照射变绿，提高其商品质量。

（2）休眠期。马铃薯在收获后的一段时间内，即使给它创造充足的萌芽条件，它也不发芽，这就是马铃薯的休眠期。而过了休眠期（不同品种的休眠期时间长短有较大的差异），一旦条件特别是温度合适，薯块就要萌芽。薯块长芽后，薯芽及芽眼周围的茄碱含量就会增加，进而影响食用。因此，在贮藏马铃薯过程中，要利用控制温度等措施，防止马铃薯萌芽，以保障周年供应及食用质量。

四、马铃薯神奇的养生保健功效

如上所述，马铃薯有那么多的美誉和桂冠，但到底有哪些作用和效果，还需要具体化。概括一下，马铃薯有养生保健、减肥美体、美容和祛病四大功效，现分别介绍如下。

（一）养生保健效果良好

1. 延缓衰老，益寿延年。一项调查结果显示，在一些以马铃薯为主食的国家和地区，如原苏联、保加利亚和厄瓜多尔等，长寿老人比较多，这可能与经常食用马铃薯有关。因为马铃薯集粮、果、菜、药于一身，从某种意义上讲，食用马铃薯就等于食用了粮、果、菜、药，有粮的蛋白质和能量，菜的维生素和膳食纤维，果的矿物质，药的药用成分，营养成分十分齐全，祖国医学对人类饮食概括为“五谷为养、五果为助、五畜为宜、五菜为充”。马铃薯满足了饮食中的“养、助、充”要求和作用，膳食平衡、营养丰富、低能量，保持健康体重故能延缓衰老，益寿延年。

2. 提高人体免疫力，少生病。提高人体免疫力，一靠全面均衡的营养，能强身健体，二靠富含维生素C、维生素E等抗氧化成分，再加上富含膳食纤维。常进食这类食物，就能帮助提高人体免疫力，马铃薯就是理想的这类食物之一，它能同时满足人体对蛋白质和能量的需要，饮食蛋白质能量百分率仅低于人奶和燕麦，与小麦并列第三。均高于常用的大米、玉米、高粱等食物。它富含B族维生素和维生素C，马铃薯鲜薯100克平均含维生素C 30毫克，高于常用的番茄、洋葱、白菜等蔬菜，抗氧化能力强，故能提高人体免疫力，增强抗病力，少生病。同样是发生流感，常吃增强免疫力食物的人，就不感冒或患感冒的几率小，食补有益健康。

3. 预防维生素缺素症。人们长期缺少维生素，就会发生神经炎、舌炎、口角炎、皮肤瘀斑、角化过度，以及夜盲症等，20世纪60年代，我国老少边穷地区冬季缺少蔬菜，马铃薯是过冬的当家菜，虽然蔬菜品种单一，但调查结果显示，几乎没有发生维生素缺素症的群体，这完全归功于马铃薯，因为它富含B族维生素和维生素C等9种维生素，其中维生素C的含量与柑橘不相上下，且全是水溶性的，有效地解决了维生素的需求，故有用马铃薯补维生素C胜过维生素C片之说。

4. 有助老人安全度夏。夏季天气炎热，易出汗，钾元素流失多，老人易出现体虚症状，如果常食马铃薯，马铃薯富含钾，可补充人体所需。可改善人体虚症状，并有降压、和胃、通便等益处。钾有抗钠作用，高血压患者更应该多吃

些马铃薯。

马铃薯可作主食，蒸马铃薯或作薯泥，可隔一天吃一次，每次 100～150 克，即中等大小的马铃薯 1～2 个。既然以马铃薯作主食，就要适当减少其他主食的进食量，以保持健康体重。

老人常食马铃薯，安全度夏好处多。

5. 促进钙吸收，助力防止骨疏松。 马铃薯鲜薯 100 克含钙 1.7～18.0 毫克，平均 6.5 毫克。含镁 10.0～29.0 毫克，平均 20.9 毫克，钙、镁都是人体必需的矿物质，是骨骼里的重要成分，镁能促进钙的吸收，食用马铃薯能同时补充钙和镁，且促进钙的吸收，提高钙的利用率。钙镁双补，预防骨质疏松，食用马铃薯，益处多多。

6. 平衡酸碱度，减少疾病发生。 我们日常食用的米、面、肉、蛋、奶等是酸性食物（与酸味食物是两回事），酸性食物能诱发产生一些疾病。而马铃薯含有 18 种矿物质及微量元素，每 100 克鲜薯含矿物质1 000毫克，故马铃薯是典型的碱性食物，它与酸性食物搭配，利于体液酸碱度（pH）的平衡，使体液的酸碱度在 7.35～7.45 之间，呈弱碱性，研究结果显示，体液酸性能诱发多种病症发生，而体液弱碱性能减少疾病发生。因此，马铃薯与其他酸性食物搭配，平衡了食物的酸碱度，减少了有关疾病的发生，提高了健康水平。

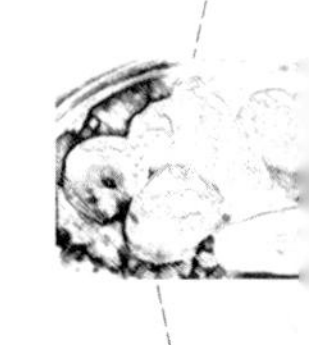

7. 同时满足人体蛋白质和能量的需要，促进强身健体。 在 17—19 世纪，以马铃薯为主食的爱尔兰人，每天食用马铃薯 4.5 千克，产生热量 15 065 千焦，提供蛋白质 94 克，

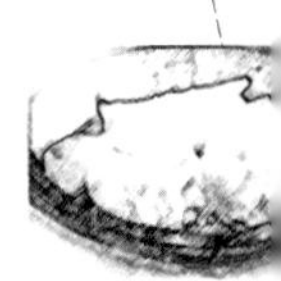

不但促进了人体的生长发育，而且还满足了生活及劳动的需要。食用马铃薯同时满足人体蛋白质和能量的需要，促进强身健体，这一特点弥足珍贵。

8. 含有抗癌物质，减少癌症发生。马铃薯含有花青素、维生素 C 等强有力地抗氧化剂，能清除诱发多种疾病的自由基，特别是能抵抗癌症，减少癌症的发生。花青素还能抗血管硬化，从而阻止心脏病发作，防止血液凝块形成，进而预防脑中风。而常用的米、面等主食不含花青素，自然没有这些功能。马铃薯含有的独特成分，决定了防治癌症等特殊疾病的功能及效果。

9. 防止患者进食呕吐，利于进食康复。癌症患者术后，一般都要进行化疗、放疗，进食容易出现呕吐现象，而马铃薯汁液能治胃病，再加上薯肉质地柔软细腻，对胃肠膜没有刺激作用，故能阻止及减少进食呕吐，对进食补充营养提高抗病力大有好处。另外，马铃薯淀粉含量高，能吸收毒素并排出体外，减少毒素的危害，帮助缓解病情。马铃薯还含有丰富的维生素 A 和胡萝卜素（在体内它可转化成维生素 A），维生素 A 能保持上皮细胞的完整性，防止多种上皮肿瘤的发生，故马铃薯有康复食品的美誉。

用马铃薯作康复食品最好用马铃薯全粉或薯块制成薯泥。薯泥易吞咽，防呕吐，营养全，抗病强，效果好，患者食用薯泥是进食的最佳选择。

10. 助力防贫血。马铃薯含铁量高，每 100 克鲜薯含铁元素 0.8 毫克，在单一食物中铁含量排在第 3 位，另外，马铃薯富含维生素 C，它能提高铁的有效性。因为铁元素以非

血红蛋白的形式存在，维生素 C 能提高铁的溶解度，促进人体对铁的吸收。研究结果显示，成人每天带皮蒸（煮）熟的马铃薯 100 克，能提供日推荐铁摄取量的 7%～12%，故能助力防治贫血。

11. 帮助保持好心情。当今社会，工作生活节奏快，人们容易产生抑郁、灰心丧气和焦虑不安等负面情绪，使心情变坏，做事虎头蛇尾，这是体内缺少维生素 C、B 族维生素和维生素 A 造成的，补充这几种维生素可以得到不同程度的缓解，而马铃薯富含这几种维生素、多种矿物质和种类齐全的营养素，食用马铃薯是补充这些营养物质的首选、要想心情好，土豆来帮忙，这是一些人生活实践的体会。

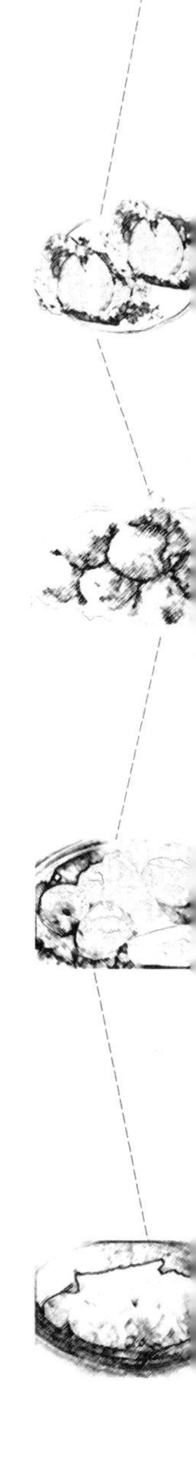

12. 预防肠道癌症特别是结肠癌。马铃薯富含膳食纤维和抗性淀粉，每 100 克鲜薯含膳食纤维 2 克左右，占成人日推荐量的 8%，它们在肠内吸收水分，不被完全消化，增加肠的蠕动，缓解便秘，排除毒素。抗性淀粉是膳食纤维的一种，在小肠中不能被完全消化吸收，能持久的供给较低的热量，防止营养过剩导致发胖，减少疾病发生。膳食纤维及抗性淀粉吸收水分润滑肠道，通畅排便，排除毒素，故能预防肠道癌症特别是结肠癌。

13. 稳定血糖，有助预防糖尿病。马铃薯为中等升糖食物（生糖指数为 65），低于米（生糖指数为 83）、面（生糖指数为 81）。因其富含淀粉（占鲜薯重的 12%～20%），淀粉可以吸收脂肪、糖类、毒素和水分，基本保持血糖稳定，不波动，故栾加芹专家说，马铃薯是糖尿病人的“福食”。故适量吃些马铃薯可防止血糖波动，对保持血糖稳定有益无害，对预防糖尿病大有好处，说糖尿病人不能吃马铃薯，吃马铃薯会发胖，其实是一种误解。

14. 增强御寒能力。种植马铃薯适合在冷凉地区，在马铃薯产区，人们食用马铃薯相对多一些，这些高寒地区，冬季天气特别冷，可能是由于经常食用马铃薯，人们的耐寒能力较强，这和“春吃花、夏吃叶、秋吃果，冬吃根”有一定的关系。马铃薯是块茎类作物，它集粮果菜于一身，有粮食的蛋白质和碳水化合物，有蔬菜的维生素，有果的矿物质和糖，故营养种类齐全，营养搭配均衡，使人身强体壮，增强御寒能力，不怕冷，这是马铃薯营养素决定的，其作用功不可没。

15. 解除疲劳，增强精力。人体缺少 B 族维生素和矿物质锌，容易产生疲劳，精力差。马铃薯富含维生素 B_2、维生素 B_6、维生素 B_{12} 等，以及矿物质锌等，常食马铃薯有多种有机酸（米面中没有），能促进碳水化合物的代谢，以及肌肉的乳酸和冰醋酸等导致疲劳的物质分解，使人尽快从疲劳中恢复，增强精力，恢复体力。

16. 防治坏血病，增强血管弹性、防止血管破裂。1747 年 5 月英国医生詹姆斯·林德在“索尔兹伯里”号船上给水手们食用橘子治好了他们患的坏血病（后经证实是维生素 C 的效果），维生素 C 不但能防治坏血病，而且还能促进合成胶原蛋白，胶原蛋白占人体蛋白质总量的三分之一，胶原蛋白是形成皮肤、血管壁、软骨等组织不可缺的物质，它能增强血管和皮肤的弹性，防止血管破裂，预防色斑，预防关节炎，促进伤口愈合和增强免疫力，而食补维生素 C 效果较

好，马铃薯富含维生素C，100克鲜薯含维生素C平均为20毫克，与柑橘的含量相近，因此，欧洲北部冷凉地区用马铃薯替代柑橘补充维生素C，我国老少边穷地区也曾有食用马铃薯战胜缺素症的成功实践。

饮食补充维生素C（又称抗坏血酸）食用马铃薯是首选，有效安全，物美价廉。

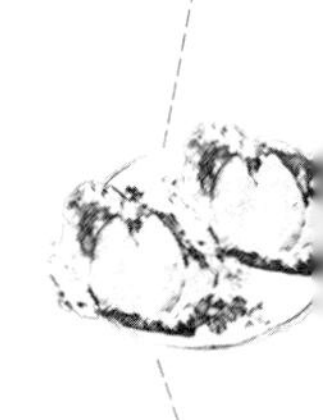

（二）美体（减肥）效果突出

1. “三高”变“四高”，急需马铃薯来帮忙。人们对高血压、高血脂和高血糖三种病简称“三高”，近年来又增加了一个高体重，变成了“四高”。我国高体重形势非常严峻，有关资料显示，我国成年人体重超标率达22.8%，约2.0亿人；肥胖率达7.1%，约6 000多万人。大城市成人体重超重率为30.0%，肥胖率达12.3%，儿童肥胖率达8.1%，高体重能诱发多种疾病。因此，保持健康体重能防治多种疾病。合理膳食，适量运动，是控制体重的有效途径。其中，经常食用马铃薯是防治体重超重、肥胖和保持健康体重的有效措施。从理论上说，马铃薯能量低，饱腹感指数高。从实践上说，马铃薯体积大，吃些就饱，而能量正好，既保证了生活工作能量的需要，又没有剩余而转化成脂肪，故人们不发胖，“常吃马铃薯、健康又苗条”，是客观、形象地表述。

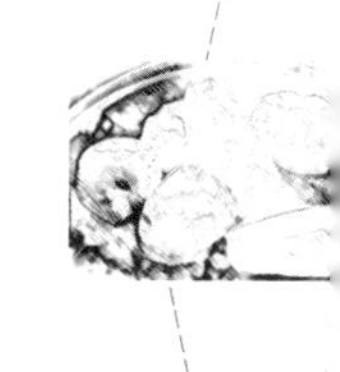

2. 马铃薯美体（减肥）餐厅作示范，持续长达数百年。法国营养学家费朗西·马尔罗长达15年的研究和实践结果显示，马铃薯是一种物美价廉、减肥美体效果明显的“良

药”，并于1988年在法国建起了全世界第一家马铃薯健康减肥餐厅，继而在意大利、西班牙和加拿大等国也陆续建立起一些类似的餐厅，致使全世界马铃薯健康减肥餐厅愈来愈多，引起人们的广泛关注和浓厚的兴起，并在实践中加深了认识，取得了共识：马铃薯是“减肥佳品”、“美体佳品”。

3. 消除腹型肥胖有奇效。有些人由于膳食不合理，加上运动量少，致使吃进的食物能量多，生活工作消耗的能量少，剩余的能量转化为脂肪，且集中在腹部，形大腹便便，凸起一块，有的还美其名曰“将军肚”，其实就是腹型肥胖，成为一些人的“心腹之患”，它不但十分不雅，而且极易诱发“三高”等多种疾病。要消除腹式肥胖，首先要从调节膳食结构入手，即以马铃薯作主食，吃些就有饱腹感，就会减少进食，没有剩余能量，当然就不能产生脂肪，同时马铃薯淀粉能吸脂肪，并排出体外，再加上适量运动，就能消除“心腹之患”。马铃薯确有效果，不妨吃段时间看看。

（三）美容效果明显

1. 去黑眼圈。人躺下仰卧，把鲜（生）马铃薯洗净去皮，切成2厘米厚的薄片，把马铃薯薄片敷在眼睛上，一般敷5～15分钟后取下，再用清水清洗。敷的时间一般不要超过15分钟，防止时间过长产生倒吸作用。因为马铃薯营养丰富，特别是含有多种维生素和矿物质，可以补给眼部。用马铃薯薄片连贴几次，就能去掉黑眼圈，注意只能用生薯，熟薯没有效果。

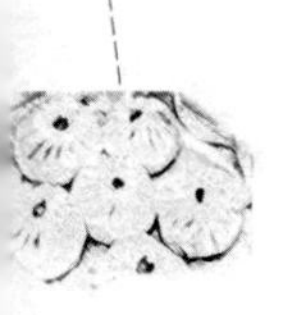

2. 去眼袋。使用方法同去黑眼圈。

3. 去痘痘（青春痘）。生马铃薯治脸上的痘痘效果明显，只要发现脸上开始冒痘痘，有些账痛的时候，就赶紧用鲜（生）马铃薯片贴在上面，半小时后再更换，连换几次，这个小痘痘就再也发不起来了。如果小痘痘开始有脓头，还是坚持用鲜（生）马铃薯片贴在上面。马铃薯片一定切薄薄的，这样贴在脸上不容易掉，经常更换，这个冒脓的小痘痘同样也可以消掉，只是要多贴一段时间，多更换几次，脸上就不会留下色素沉着与凹陷了。某大学的学生宿舍都有马铃薯，只要有同学的脸上冒痘痘，就用鲜（生）马铃薯薄片贴，多贴几次，就能去掉，而且没有色素沉着，用鲜（生）马铃薯薄片去痘，干净彻底，效果很好。

4. 去黑斑、色斑，面部洁净。先把鲜（生）马铃薯洗净、切块、榨汁，而后做成面膜，最后把面膜贴在脸上，经过这样的护理，就能去掉脸上的色斑、黑斑，从而使面部变白。

5. 治痤疮。在痤疮处贴马铃薯薄片，方法同上，多换几次马铃薯薄片，即可解决问题。

6. 清除黑色素，使皮肤变白。可用马铃薯汁液做面膜，或用马铃薯薄片贴在患处，能清除脸上黑色素，使面部皮肤变白，面膜或马铃薯薄片可多换几次，以提高防治效果。

7. 使皮肤细嫩。养内方能秀外，由于马铃薯营养丰富，特别是维生素种类多，达 9 种。矿物质和微量元素种类多，达 18 种，常食土豆能满足人体对维生素和矿物质的需求，故能使皮肤细嫩，柔软红润，容光焕发。同时延缓皱纹产

生，不显老，使人年轻。

8. 防治毛囊发炎。减少毛穴角质化，使面部洁净，用土豆汁做面膜或贴马铃薯薄片即可，方法同上。

9. 排毒养颜。马铃薯含淀粉多，含量占鲜薯的12%～20%，在体内土豆淀粉有吸收脂肪、糖类、毒素和水的作用，简称“四吸收”，它能润肠，促进排便，把吸收的毒素、脂肪和糖类一并排出体外，故能养颜，保护皮肤。

（四）防病祛病的神奇效果

马铃薯含有多种生物碱，具有许多药用功效，祖国医学认为，马铃薯味甘，性平，能和胃调中，益气健脾，适宜于脾胃虚弱，消化不良等疾病，生马铃薯有消炎、活血、散消肿淤之功效，能治疗皮肤上的多种伤害。

1. 治头痛。印加人古老的治头痛方法，就是用去皮的生马铃薯擦头部，使其汁液接触渗透到皮肤组织上，可反复擦，能治头痛。

2. 治腮腺炎。孩子得了腮腺炎，用马铃薯汁液不断涂抹肿痛的地方，能消炎、散淤、消肿、止痛，效果较好。

3. 预防龋齿。日本的调查结果显示，以马铃薯为主食的国家和地区，人们患龋齿的很少，说明了马铃薯有预防作用。

4. 预防中风，防脑血管破裂。研究结果显示，每天吃一个马铃薯，可使中风的风险下降40%左右，因为马铃薯含钾量高（高于香蕉的含量），一个中等大小的马铃薯（148

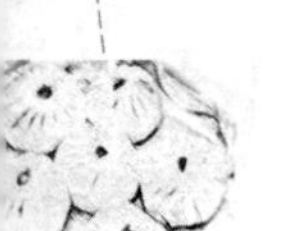

克）含钾 480 毫克，相当于每人每天建议钾摄取量的 18%（也有 45%的报道）。能降低患中风的风险，并能降低高血压。

美国饲喂动物实验的结果显示，饲喂马铃薯的白鼠比对照鼠（不喂马铃薯）的中风死亡率降低 87%，马铃薯能稳定动物情绪，避免精神过度紧张，保护脑血管，防止脑血管破裂。

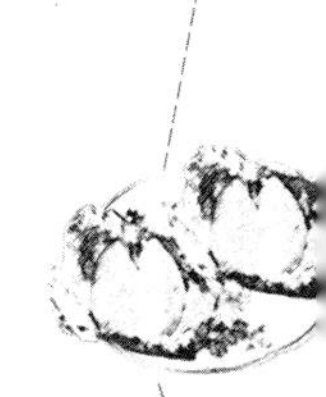

5. 预防、辅助治疗高血压。研究结果显示，钾元素有较好的降血压作用，所吃食物每多含钾 1 毫克，血压就能下降 1 个百分点，如经常食富钾的马铃薯食物，即使服用降压药剂量减少 75%，仍能较好地控制血压，说明其降血压的作用是比较好的。

6. 预防结肠癌等癌症。马铃薯富含包括抗性淀粉在内的膳食纤维，一个中等大小的马铃薯（148 克）含膳食纤维 2 克，占每人每天建议摄取量的 8%。膳食纤维促使肠道蠕动，排除毒素，通畅排便，可有效预防结肠癌。膳食纤维和蔗糖有助于防治消化道中的癌症，并能控制血液中的胆固醇含量，黏体蛋白质能预防心脑血管疾病。

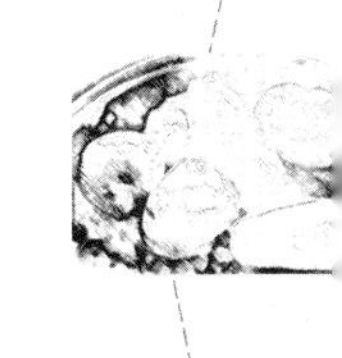

美国医生注意到，马铃薯有一定的抗癌能力。患癌症的中晚期患者，经常食用马铃薯和其嫩叶，可使多数患者的病情得到缓解。马铃薯是癌症患者的优良的康复食品，因为马铃薯泥能治胃病，防止呕吐，利于进食。

7. 治甲状腺囊肿。把马铃薯(生的)洗净切成薄片，敷在甲状腺患处，每次持续1小时或更长时间，经常更换，可有消炎消肿作用，按此方法治疗有较好的效果。一患者按此方法治

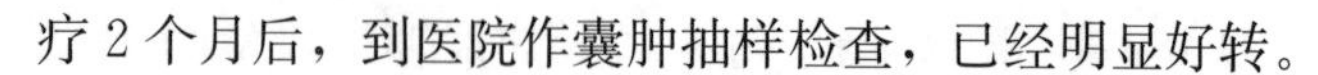

疗 2 个月后，到医院作囊肿抽样检查，已经明显好转。

8. 治带状疱疹。把生马铃薯洗净切成薄片敷在患处，半小时后就不痛了，过 1 小时左右就更换敷在患处的马铃薯片，持续几天就好了。

9. 治胃炎、胃溃疡和十二指肠溃疡等胃肠疾病。选鲜马铃薯洗净榨汁，每天空腹喝，有一定的效果。另一作者介绍，称取鲜马铃薯 600 克，洗净切块榨汁，将其汁液文火熬至黏稠时，加入蜂蜜1 200毫升，再熬得更稠一点，冷却后装入广口瓶盖好，放冰箱冷藏室贮存，早、晚空腹各服一汤匙，效果较好。

10. 促进皮肤伤口愈合。如皮肤有小的伤口，把煮熟的马铃薯皮剥下来，贴在患处，就能加速伤口的瘉合。

11. 治皮肤上的烫伤（开水、炒菜溅油）、烧伤、蒸汽嘘伤、打针输液留下的淤结以及碰撞伤痛等。治疗方法简便易行，把马铃薯洗净切成薄片贴在患处，注意更换，持续几天，就会治好。炒菜溅出的油滴落在皮肤上，如果及时贴上生马铃薯片，并注意更换，不但能治好，而且不留下小的斑痕。

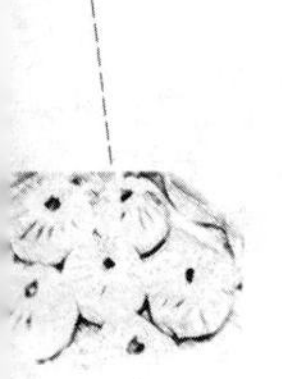

12. 治便秘。马铃薯能补脾益气，缓急止痛，通利大便的作用。可刺激肠道蠕动，同时富含的膳食纤维不能被人体消化吸收，但其能吸收和保留水分，使粪便变得柔软。因此，食用马铃薯可缓解便秘，有通便的作用。

五、马铃薯养生保健祛病的机理

如上所述，马铃薯有那么多的养生保健、减肥美体和防治多种疾病的作用和神奇功效。不起眼的马铃薯何以有这么大的功效，究其原因，大体有三。一是食物多样性，马铃薯集粮、菜、果、药于一身，马铃薯有粮食那样的碳水化合物、蛋白质，有蔬菜那样的维生素和膳食纤维，有水果那样的矿物质，有药中那样的有效成分，食用了马铃薯就相当于吃了粮食、蔬菜、水果和药材，是食物多样化的典范。二是营养成分齐全、丰富，且比例均衡，符合人体健康的需求，营养效率高。三是马铃薯营养成分含量突出，且有特点，如薯中含有花青素，抗氧化、抗衰老，而常用的米面中却没有。马铃薯含钾量突出，马铃薯营养素含量比例适宜，利于防治高血压等疾病，马铃薯的每一种营养成分都有特点。马铃薯营养成分的多样性、全面性、均衡性和特殊性，决定了其养生保健功能的多样性、有效性。

下面，具体介绍每种营养成分的含量、特点和功能等。

（一）马铃薯是全能营养食物，有“营养之王”的美誉

美国科学家的研究结果显示“每餐只吃全脂牛奶和马铃薯，便可得到人体所需要的一切食物元素。”说明马铃薯的营养确实丰富，但脂肪含量较低，故要与全脂牛奶搭配。马铃薯到底有哪些营养成分，下面逐一进行介绍。

1. 马铃薯营养物质的概况。为对马铃薯营养物质总体上有个了解。一看就知道，现简要图解如下：

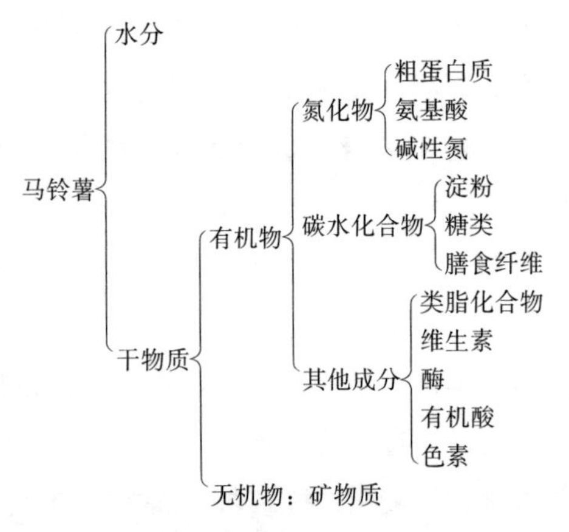

图 2　马铃薯的营养物质

图 2 结果显示，马铃薯营养由水和干物质两大类组成。干物质由有机物和无机物两部分组成。有机物由氮化物、碳水化合物和其他含氮物质组成。无机物由矿物质组成，也称灰分。水就是自然生物水（H_2O）。

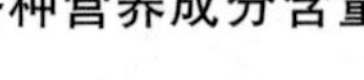

2. 各种营养成分含量及占薯重的比例。马铃薯营养物

质占薯块重量的比例，水为78.0%，粗蛋白为2.1%、脂肪0.1%，碳水化合物18.5%，膳食纤维1.7%，矿物质1.0%。这些数据表明，含水量最多，占薯重近4/5，碳水化合物次之，占薯重近1/5，脂肪含量最少，仅为薯重的千分之一。

再看一下马铃薯干物质的组成，马铃薯由水和干物质两部分组成，水占鲜薯重的65.2%～86.3%，平均78.0%；干物质占鲜薯重的13.7%～34.8%，平均22.0%。干物质的组成及其占的比例，详见表2。

表2　马铃薯干物质及其占的比例

干物质的成分	占干物质重的（%）	
	范围	平均
淀　粉	60.0～80.0	70.0
蔗　糖	0.25～1.5	0.5～1.0
还原糖	0.25～3.0	0.5～2.0
柠檬酸	0.5～7.0	2.0
氮化物	1.0～2.0	1.0～2.0
蛋白态氮	0.5～1.0	0.5～1.0
脂　肪	0.1～1.0	0.3～0.5
膳食纤维	3.0～8.0	6.0～8.0
矿物质	4.0～6.0	4.0～6.0

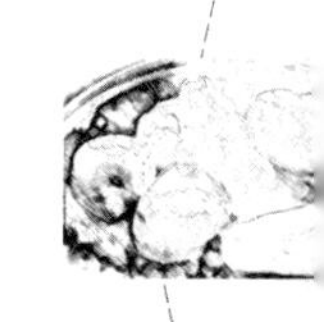

表2结果显示，马铃薯含淀粉最多，占干物质重的70.0%（占鲜薯重的12%～20%）。膳食纤维、矿物质含量次之，占干物重的3.0%～8.0%，其他几种含较少，均在1%以下。

3. 马铃薯淀粉的种类及特点。马铃薯淀粉由支链淀粉和直链淀粉组成，两者的比例为3∶1，且稳定不变。支链

淀粉是高分子物质，有分枝；直链淀粉分子较小，无分枝。马铃薯淀粉以支链淀粉为主，一般淀粉酶不能消化它，故称其为抗性淀粉。

马铃薯淀粉是由葡萄糖聚合而成的，其特点如下：一是其淀粉颗粒最大，平均大小为 65 微米，而玉米、甘薯淀粉颗粒平均为 15 微米，大米淀粉颗粒为 5 微米，故用马铃薯淀粉生产出来的膨化食品具有开放性结构，膨化度好、质地松脆。

二是马铃薯淀粉黏度远大于其他淀粉，其淀粉糊浆黏度峰值平均在3 000BU，远高于玉米、木薯和小麦面淀粉的糊浆黏度峰值。

三是马铃薯淀粉糊化温度低，膨胀性好。其淀粉的糊化温度平均为 56℃，远低于玉米、小麦、甘薯淀粉的糊化温度，马铃薯淀粉有很好的膨胀性，当完成糊化时，其淀粉吸收的水分比自身质量多 400～600 倍。

四是马铃薯淀粉糊浆透明度高，这是因为其淀粉膨胀和糊化性好，基本全都膨胀和糊化。另外，其淀粉结构结合的磷酸基及不含脂肪酸使糊浆透明度高。

五是马铃薯淀粉中的蛋白质残量一般低于 0.1%，因此，它的颜色洁白，口味温和，无刺激味道，没有玉米淀粉和小麦淀粉那么重的谷物口味。

六是马铃薯淀粉营养更丰富。其淀粉中含有更多的磷及钾、钙和镁离子，故马铃薯淀粉作为食品原料，比其他淀粉更有营养价值。

七是马铃薯淀粉生的不好消化，只有经过烹饪及加工变

成熟食时，消化率方能大大地提高。烹饪加工受热时，淀粉粒吸收细胞及薯块组织里的水分，当温度达到70℃以上时，淀粉变成糊状成凝胶，一般存在细胞内，当有细胞破裂后，或把马铃薯加工磨碎，细胞里的淀粉释放出来，马铃薯食品就会发黏。

马铃薯淀粉“三高”（白度高、黏度高、透明度高）“一低”（糊化温度低）的特性，使马铃薯淀粉在食品及纺织等行业被广泛地应用，如在方便面里添加马铃薯淀粉，该方便面更耐煮，食用更滑爽，色泽更亮，适口性更好，对提高食品质量大有帮助。

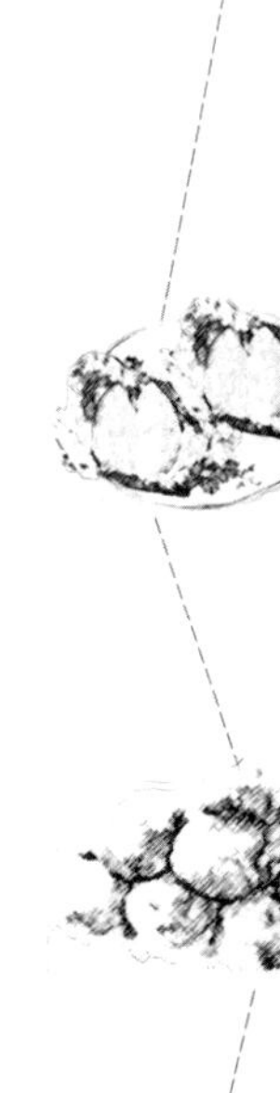

4. 马铃薯糖类的种类及特点。如前所述，马铃薯含有淀粉和糖类，在一定的条件下，淀粉和糖可以相互转化，因此，其含糖量是动态的。

（1）糖的种类。马铃薯含的糖主要是蔗糖、果糖和葡萄糖，以及其他含量较少的糖类。

果糖和葡萄糖是6碳糖，称为单糖；蔗糖是12碳糖，称为双糖。单糖含有醛基和酮基，容易被氧化，故又称为还原糖；双糖不易被氧化，故又称为非还原糖。

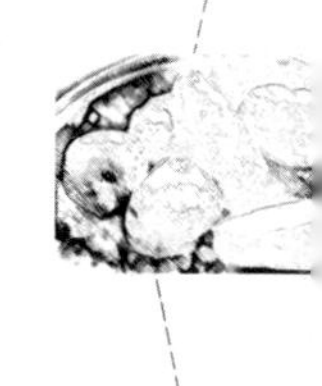

碳水化合物中还有非淀粉多糖（粗纤维），它包括纤维素、半纤维素、木质素和果胶等，它们主要分布在细胞壁及细胞之间，含量较少，只占细胞壁里物质鲜重的1.2%，干重的5.6%。只有果胶是可以溶解的，其他几种是不能溶解的，故能保持细胞的完整性。只有果胶溶解后，细胞才能分开，细胞才能解体。

（2）淀粉和糖类可以相互转化。在一定的温度条件下，

薯块里的淀粉和糖类能相互转化，处于动态平衡之中，详见下列反应式。

淀粉⇌葡萄糖

⇅　　　⇅

蔗糖⇌葡萄糖＋果糖

淀粉与葡萄糖之间的反应温度及动态平衡的结果，主要受温度高低的影响，新收获的马铃薯置于10～20℃的条件下贮存，当温度降到5℃以上时，糖的含量明显提高，薯块就会变甜。可以利用淀粉与糖类相互转化这一特点，可利用调整薯块贮存温度来调整薯块的甜度，以满足自己口味的需求。

在一定的温度范围内，淀粉和糖类的相互转化是可逆性反应；但是，如果超过这温度范围，就会变成不可逆反应。例如，存放薯块的温度由10℃降到2℃，而后再升至10℃，并延长贮存时间，随着含糖量增加薯块变甜，这一结果称为衰老变甜。衰老变甜是不可逆反应，其糖类不会再转化成淀粉了。

（3）马铃薯还原糖含量影响一些产品质量。因为还原糖（葡萄糖、果糖）与氨基酸、抗坏血酸及其他有机物进行生化反应影响油炸薯片、干脆薯片等食品颜色及风味，因此，还原糖含量（一般为0.3%）是加工薯的一个重要指标，超标则不能用于油炸薯片等食品。

5. 马铃薯是低能量密度和饱腹感指数高的食物。人们通过饮食满足生活生产所需要的能量。低能量密度食物就是单位体积食物含的能量较低。马铃薯就是低能量密度食物。

（1）能量含量低。马铃薯鲜（生）薯100克含能量264～444千焦，平均335千焦，也有318千焦或356千焦的报道，因用的马铃薯品种不同，故能量含量有些差异。

在4种块根（茎）作物中，马铃薯含的能量是比较低的，详见表3。

表3　4种块根（茎）的能量含量（每100克生薯）

作物名称	能量（千焦）	水分（%）	粗蛋白（克）	脂肪（克）	碳水化合物（克）	膳食纤维（克）	矿物质（克）
马铃薯	335	78.0	2.1	0.1	18.5	2.1	1.0
红　薯	485	70.2	1.4	0.4	27.4	2.5	0.8
山　芋	423	73.2	1.4	0.2	23.5	0.9	1.2
木　薯	607	62.6	1.1	0.3	35.2	5.2	0.9

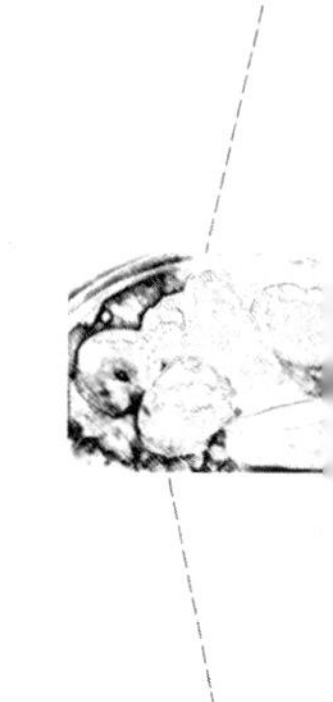

表3结果显示，马铃薯含水分最多，蛋白质最多，碳水化合物最少，能量最少，比红薯、山芋和木薯的能量低20.8%～44.8%，比其他米面的能量少的更多了，故是低能量密度食物。

（2）马铃薯熟食能量的含量。人们吃熟食，必须把生食烹饪加工成熟食才能食用，在烹饪加工熟食过程中，其能量也会发生一些变化，主要受其含水量及吸收水分多少的影响。例如，生马铃薯含水量为78.0%，带皮煮熟后达79.8%，仅提高1.8个百分点，能量分别为335千焦和318千焦，熟薯比生薯能量仅降低17千焦，降幅为5.3%。而常用的米、面等食物，因其含水量低，在加工成熟食过程中吸收较多，故能量有较大的变化，例如，大米饭100克能量为565千焦，仅为等量大米能量1 523千焦的37.1%。煮熟的细面条100克能量为552千焦，为等量面粉能量1 389千

焦的 39.7%，熟食能量较米、面能量下降很多。因此，评价食物能量的多少不仅要看生的，更要看熟食，为食用提供依据。

由于马铃薯食品加工方法和用料不同，其产品能量也会发生较大的变化，详见表 4。

表 4　几种马铃薯食品的能量（每 100 克）

食品名称	能量（千焦）	水分（%）	粗蛋白（克）	脂肪（克）	碳水化合物（克）	膳食纤维（克）	矿物质（克）
马铃薯生（鲜）薯	335	78.0	2.1	0.1	18.5	1.7	1.0
带皮煮熟的薯块	318	79.8	2.1	0.1	18.5	—	0.9
削皮煮熟的薯块	301	81.4	1.7	0.1	16.8	1.6	0.7
带皮烤熟的薯块	414	73.3	2.5	0.1	22.9	1.9	1.2
薯块磨碎加奶油煮熟	444	78.4	1.8	4.7	15.2	—	1.5
薯块削皮后油煎	657	64.3	2.8	4.8	27.3	2.7	—
油炸薯片	1 165	55.4	4.1	12.1	36.7	3.3	1.8
干脆薯片	2 305	2.3	5.8	37.4	49.7	11.9	3.1

表 4 结果显示，油炸薯片和干脆薯片能量大量增加，分别是带皮煮熟薯块能量的 3.7 倍和 7.2 倍，因此，消费者可根据个人需要和爱好选用不同的马铃薯食品。

（3）马铃薯的饱腹感指数高。对日常食用的 38 种食物（均 240 千卡）的饱腹感指数进行检测，结果马铃薯的饱腹感指数最高，比白面包的饱腹感指数高 3 倍多，其后依次为鱼类、燕麦片粥、橙子、苹果……饱腹感指数高，意味着吃些食物就有饱腹感，饱了，则就不再进食，故能节食，对于保护健康体重、防止超重及肥胖大有益处。

（4）马铃薯“一高一低”（饱腹感指数高、低能量密度）的特点，决定了减肥美体、防治体重超重及肥胖的有效性。

如上所述，吃些马铃薯食品就感觉饱了，再加上其能量少，能量正好，没有多余的能量转化为脂肪，不会肥胖，故常食马铃薯，健康又苗条。

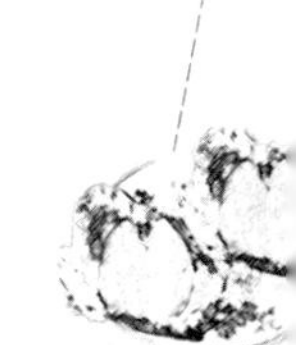

6. 马铃薯质地柔软、细腻，更适合婴幼儿和老年人食用。马铃薯含水量高，淀粉含量高，且以淀粉颗粒的形式分布在薯肉里，所以，其质地柔软，细腻，如果用鲜薯或用马铃薯全粉加工成薯泥（土豆泥），即制成糊状食品（营养全面、丰富）非常适合婴幼儿、老年人食用，故马铃薯食品是优质的婴幼儿食品，老年人食品，以及癌症患者的康复食品，抗衰老食品，在后面有关章节再进行详细的分析。

综上所述，马铃薯营养种类齐全、营养成分全面是养生保健的基础。营养均衡、比例适宜是养生保健的关键。营养含量充足、营养价值高是养生保健的保障。营养成分独特性、有效性是养生保健的重要条件。药用成分是养生保健的必要支撑。

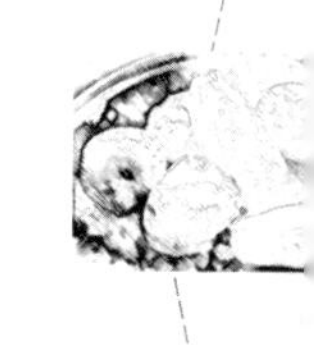

（二）马铃薯含优良的蛋白质，其与动物蛋白质相似

马铃薯富含优良的蛋白质，营养价值很高。个别品种蛋白质质量甚至与鸡蛋营养价值不相上下。但是，人们对此缺乏了解，认为山药蛋只能塞饱肚子，没有多少营养，更谈不上优良的蛋白质了。其实，这是一种误解。

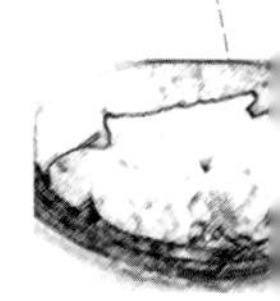

1. 蛋白质含量及特点。马铃薯蛋白质含量与大米饭蛋白质含量基本相等或略高一些。对这个结论有人可能不信，

但一算就清楚了，马铃薯蛋白质含量占鲜薯重的2.1%，大米蛋白质含量为6.7%，但制作成熟食才能食用。由于它们的含水量不同，制作熟食过程中吸水量相差很多，于是熟食中蛋白质占的比例就会发生较大的变化，详见表5。

表5　马铃薯（熟）和大米饭的蛋白质比例

食物及其状态	水占食物重的%	蛋白质占食物重的%
马铃薯鲜薯	79.8	2.1
马铃薯干薯	11.7	8.4
煮熟的马铃薯	79.8	2.1
大米	12.0	6.7
大米饭	72.6	2.0

表5结果显示，马铃薯鲜薯蛋白质含量仅是大米的1/3，但制成熟食后，熟马铃薯含水量未变（都是79.8%），而做大米饭需要加水。大米饭中水占米饭重的72.6%，比大米含水量提高6倍，增加很多。由于米饭中水分大量增加，蛋白质含量下降到2.0%，比熟马铃薯（带皮煮熟）蛋白质含量还低0.1个百分点，煮熟马铃薯与大米饭的蛋白质含量是相同的，大家都可以接受。马铃薯蛋白质与动物的蛋白质相似，可消化成分高，能很好地被人体吸收利用，这是其蛋白质的重要特点之一。

2. 蛋白质种类。马铃薯含的氮化物较多，统称为总氮(N)。总氮分为蛋白态氮（又称纯蛋白质、可溶解凝聚蛋白质）和非蛋白态氮两大类。蛋白态氮分为可溶性蛋白质和不溶性蛋白质两类。可溶性蛋白质分布在薯肉里，不溶性蛋白质分布在薯皮里。

非蛋白态氮由几种氮化物组成详见表6。

表6　马铃薯非蛋白态氮的组成及占的比例

氮化物名称	占总氮重的比例%
纯蛋白态氮	50
非蛋白态氮	50
游离态氨基酸	15
天门冬酰胺态氮	13
酰胺态氮	
谷酰胺态氮	10
碱性氮（含生物碱、部分维生素、嘌呤、嘧啶、四价铵化物）	8
硝酸态氮	1
亚硝酸态氮	微量
氨态氮	3

表6结果显示，蛋白态氮和非蛋白态氮各占马铃薯总氮的50%。非蛋白态氮是可溶性的，主要包括游离态氨基酸和酰胺态氮等。它占总氮重的平均数是50%，其实，不同品种之间的含量差异很大。例如，11个品种非蛋白态氮占总氮重的比例为29.5%～51.2%，可见其含量多少差异很大。

3. 蛋白质分布。马铃薯总氮在薯块里分布是不均匀的。蛋白态氮在薯皮里含量最高，往里有所降低，在髓部又有提高；而非蛋白态氮在髓部的含量比在靠近皮层组织含量明显增多。

4. 蛋白质含量计算方法。马铃薯蛋白质是总氮的组成，其含量计算方法是：总氮重量×6.25%＝蛋白质重量。这就是克氏定氮定律，现广泛用于计算食品里蛋白质的含量，如牛奶里蛋白质的含量。但该方法不能区分有机氮还是无机氮，在震惊中外的三鹿奶粉事件中，就是用无机氮掺在奶粉中，制成劣质奶粉伤害广大消费者特别是婴幼儿。因此，提高蛋白质检测水平，检出奶粉中的有机氮（真的蛋白质）含量，就能识别出劣质奶粉。

5. 马铃薯蛋白质与能量比例均衡，其比率略低于人奶，食用效果明显。蛋白质是生命的基础，对于人们发育生长至关重要。如果在饮食中蛋白质不足，即使能量充足，也不能正常的生长发育，特别是婴儿；相反，如果饮食提供的能量不足，而蛋白质充足，就能转化成能量，从而进行正常的生长发育。所以，人们历来重视蛋白质食物的食用。马铃薯蛋白质能量比例均衡，饮食蛋白质能量［NDP（J）］百分率高，营养效果十分突出。换言之，人们食用了足够数量的马铃薯，既能满足能量的需要，也能提供充足的蛋白质。

为科学地计算和指导人们饮食中蛋白质能量均衡的比例，科学家研究出计算饮食蛋白质能量百分率的公式，用NDP（J）%表示，计算公式如下：

$$\text{NDP（J）\%}=\frac{\text{蛋白质（克）/食物 100 克}\times\text{化学系数}\times 4}{\text{能量总量（焦）/食物 100 克}}$$

用该公式对一些常用食物的蛋白质能量百分率进行了计算，结果见表7。

表7　常用食物蛋白质能量百分率（%）

食物	NDP（J）%
人　乳	34
燕　麦	29
马铃薯	25
小　麦	25

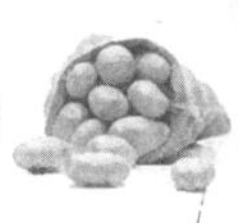

（续）

食物	NDP（J）%
高　粱	21
大　米	21
玉　米	19
甘　薯	14
木　薯	<4

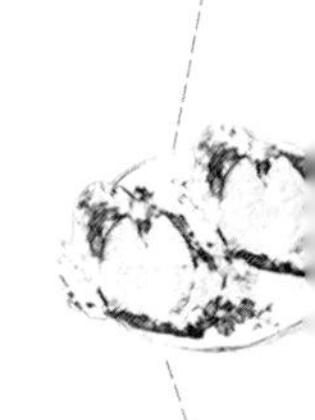

表7结果显示，人乳的蛋白质能量百分率达34，居第一位。燕麦为29，列第二。马铃薯和小麦均为25，并列第三。人乳是婴儿最好的食物，所以国内外专家都提倡婴儿喂母乳。马铃薯蛋白质能量百分率仅比燕麦低4个百分点，与面粉的相同，均高于大米等5种食物，说明马铃薯是十分理想的食物。科学研究结果还显示，婴儿最适NDP（J）%为25；成年人为17，人乳及马铃薯的饮食蛋白质能量百分率均超过了最适指标，再次证明马铃薯是理想的食物。当然，婴儿及儿童胃的容积小，装不下那么多的马铃薯，可通过搭配体积小的高营养食物加以解决，在后面有关章节进行介绍。

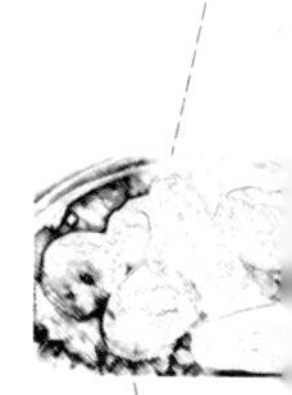

在17—19世纪，以马铃薯为主食的爱尔兰人，每天食用马铃薯4.5千克，提供能量15 075千焦，蛋白质94.5克，基本满足生长发育及日常劳作的需要，身体也很健康。

6. 马铃薯为民众饮食提供了充足、优质的蛋白质。科学家的研究结果显示，马铃薯100克（一个中等大小的薯块）分别能供给1～2岁、2～3岁和3～5岁儿童每天所需蛋白质的12%、11%和10%；每天所需能量的7%、6%和5%。对于成年人来说，因性别及体重的不同，马铃薯提供的蛋白质和能量占的比例有些变化。但是，马铃薯100克每

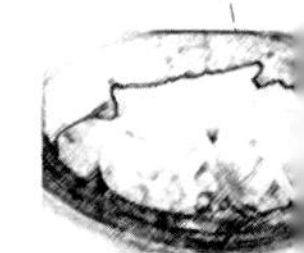

天能提供所需蛋白质的3%～6%，也有一定的量。不起眼的山药蛋，真有大作为。

马铃薯在饮食蛋白质中提供的份额也是不小的。英国的一项调查结果显示，在提供民众饮食蛋白质总量中，马铃薯占 3.4%，高于水果（占 1.3%），低于鸡蛋（占 4.6%）、鱼（占 4.8%）、奶酪（占 5.8%）、牛肉（占 5.8%）和面粉（占 9.8%）的比例。但仅低 1.2～6.4 个百分点，马铃薯在供给民众饮食蛋白质中确实做出了贡献。

（三）马铃薯富含人和动物必需的氨基酸

氨基酸是含有氨基（NH_2）和羧基（COOH）的有机化合物。其中 20 种是蛋白质的构造材料。马铃薯含氨基酸种类多，含量高，易于被人体吸收，营养价值很高。某些马铃薯品种氨基酸指数与鸡蛋的不相上下，可见其营养的独特性。

1. 种类。马铃薯含有氨基酸 18 种，其中有人和动物必需的氨基酸 10 种（人和动物自身不能合成，必须由食物供给氨基酸）；非必需氨基酸 8 种（人和动物自身能合成的氨基酸），详见表 8。

表 8 马铃薯氨基酸种类

人和动物必需氨基酸	非必需氨基酸
赖氨酸 色氨酸 缬氨酸 蛋氨酸（甲硫氨酸） 苏氨酸 苯丙氨酸 亮氨酸（白氨酸） 异亮氨酸（异白氨酸）（人必需的 8 种） 精氨酸 组氨酸（动物必需的 10 种）	甘氨酸 丙氨酸 丝氨酸天冬氨酸 谷氨酸 脯氨酸半胱氨酸 酪氨酸

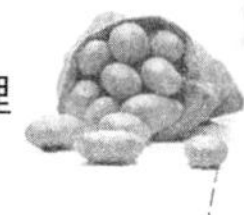

2. 含量。现把马铃薯各种氨基酸含量理成表 9。

表 9　马铃薯各种氨基酸含量

种类	名称	氨基酸含量（毫克，以 16 克氮计）	占干物质重（%）	占鲜薯重（%）
人和动物必需氨基酸	赖氨酸	5.27	0.49	0.13
	色氨酸	1.5		
	缬氨酸	4.54	0.43	0.12
	蛋氨酸	1.68	0.16	0.04
	苏氨酸	4.25	0.40	0.11
	苯丙氨酸	3.77	0.35	0.09
	亮氨酸	5.51	0.52	0.14
	异亮氨酸	3.34	0.31	0.08
	精氨酸	4.19	0.39	0.11
	组氨酸	1.79	0.17	0.05
非必需氨基酸	甘氨酸	3.18	0.30	0.08
	丙氨酸	3.12	0.29	0.08
	丝氨酸	4.16	0.39	0.11
	天冬氨酸	21.71	2.03	0.55
	谷氨酸	13.42	1.26	0.34
	脯氨酸	3.77	0.35	0.09
	半胱氨酸	1.22		
	酪氨酸	3.22	0.30	0.08

注：该样品总氮（N）含量占干物质重 1.50%，田间施氮肥 186 千克/公顷。

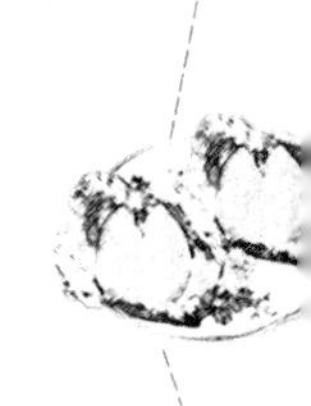

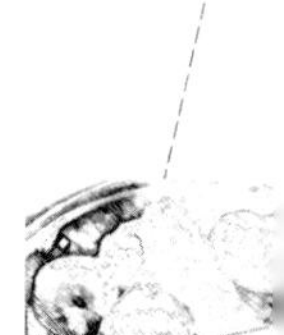

表 9 结果显示，马铃薯含人体必需氨基酸 8 种，动物必需氨基酸 10 种，人和动物非必需氨基酸 10 种，每 16 克氮必需氨基酸含量在 1.50～5.51 毫克之间；非必需氨基酸含量在 1.22～21.71 毫克/氮 16 克之间，有的含量较多。

10 种必需氨基酸占蛋白质的比例分别是：赖氨酸 5.66%、色氨酸 0.90%、蛋氨酸 1.72%、苯丙氨酸 4.89%、缬氨酸 5.46%，苏氨酸 5.09%、亮氨酸 7.83%、

异亮氨酸 4.61%、精氨酸 3.75%、组氨酸 1.53%。必需氨基酸占蛋白质比例在 0.90%～7.83%之间，平均为 4.14%。必需氨基酸总量占蛋白质重的 41.44%，比例是比较高的。

3. 马铃薯与几种食物必需氨基酸含量的比较。现把马铃薯等常用食物必需氨基酸含量整理成表 10。

表 10　人和动物必需氨基酸含量（毫克，以 16 克氮计）

项目	赖氨酸	色氨酸	缬氨酸	蛋氨酸	苯丙氨酸	亮氨酸	异亮氨酸	精氨酸	组氨酸
马铃薯	5.27	1.50	4.54	1.50	4.50	5.51	3.34	4.19	1.79
面粉	1.90	1.10	4.30	2.10	3.40	7.00	3.80	—	2.10
大米	3.70	1.30	5.80	2.00	4.40	8.20	3.80	—	2.40
燕麦粥	3.70	1.30	5.10	2.50	4.30	7.20	3.80	—	2.10
菜豆	7.20	1.00	4.60	1.00	3.10	7.20	4.20	—	2.90

表 10 结果显示，马铃薯赖氨酸、色氨酸含量高于面粉、大米和燕麦粥，但其蛋氨酸等含硫氨基酸含量比几种谷物的低一些。如果把马铃薯与这几种谷物搭配食用，赖氨酸与蛋氨酸等含硫氨基酸相互补充，恰到好处。

4. 不同形态蛋白质的氨基酸含量。马铃薯蛋白质分为蛋白态氮和非蛋白态氮，两者都是由多种氨基酸组成的，但氨基酸含量却有一些差异，详见表 11。

表 11　马铃薯蛋白态氮和非蛋白态氮必需氨基酸含量
（毫克/克，以干薯粉计）

氨基酸	蛋白态氮（蛋白质）	非蛋白态氮
赖氨酸	4.40	0.53
色氨酸	0.86	—
缬氨酸	3.56	2.60

（续）

氨基酸	蛋白态氮（蛋白质）	非蛋白态氮
蛋氨酸	1.23	0.26
苏氨酸	3.19	0.89
苯丙氨酸	2.46	0.85
亮氨酸	5.90	0.74
异亮氨酸	2.80	1.28
组氨酸	1.42	0.60
精氨酸	—	—

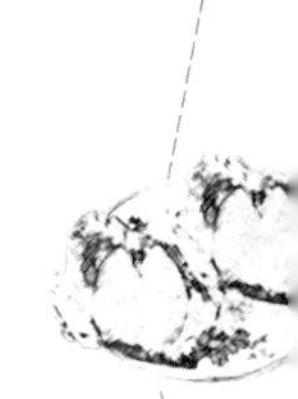

表11结果显示，蛋白质（蛋白态氮）必需氨基酸含量总体水平要大于非蛋白态氮氨基酸水平，其中蛋白质赖氨酸含量是非蛋白态氮赖氨酸含量的近5倍，相差很多。

5. 不同形态氨基酸含量及特性。马铃薯氨基酸分为结合态氨基酸和游离态氨基酸两类。蛋白态氮的氨基酸大部分是结合态氨基酸，而非蛋白态氮的氨基酸大部分（约占75%）是游离态氨基酸和酰胺态氮。游离态氨基酸一般占薯块氨基酸总量的22%～35%。酰胺态氮主要是天（门）冬酰胺和谷酰胺，它俩含量之和约占游离态氨基酸总量的50%。

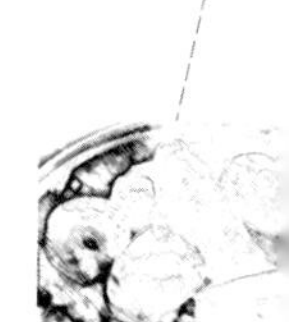

研究结果显示，人和动物必需氨基酸中，结合态氨基酸含量与蛋白质含量呈极显著的正相关，即马铃薯蛋白质含量愈高，结合态氨基酸含量也愈高。所以，科学家都利用选育高蛋白品种来提高氨基酸含量。

游离态氨基酸有一个重要特性，即100%的能被人体吸收，利用率非常高。谷酰胺和谷氨酸愈多，营养价值愈高，非蛋白态氮中氨基酸能弥补面筋（支链淀粉）的不足，提高面筋的营养价值。

马铃薯蛋白态氮和非蛋白态氮的比例影响氨基酸及组成。总氮含量及游离态氨基酸浓度影响人和动物对氮化物的消化率，游离态氨基酸含量愈高，愈容易被人和动物消化吸收。

6. 马铃薯的营养价值略低或相当于鸡蛋。前面已全面系统地介绍了马铃薯的能量、蛋白质和氨基酸营养情况，但都是数字，比较抽象，如果与鸡蛋的营养比较一下，就更确切和有说服力了，现把马铃薯和鸡蛋必需氨基酸含量整理成表 12。

表 12 马铃薯和鸡蛋必需氨基酸含量（毫克，以 16 克氮计）

氨基酸	马铃薯		鸡蛋
	范围	平均	
赖氨酸	5.4～6.7	6.0	6.2
色氨酸	1.2～1.5	1.4	1.0
缬氨酸	5.0～5.7	5.1	5.0
蛋氨酸	1.2～1.8	1.5	5.0
苏氨酸	3.8～4.2	3.9	4.0
苯丙氨酸	3.9～4.5	4.3	9.1
亮氨酸	5.6～6.3	5.9	8.3
异亮氨酸	3.4～4.2	3.9	5.6
组氨酸	1.9～2.3	2.0	2.4

表 12 结果显示，马铃薯与鸡蛋必需氨基酸含量相比，赖氨酸、苏氨酸、缬氨酸和色氨酸 4 种的含量基本持平，而其他几种氨基酸含量比鸡蛋的略少，在 1.3～2.4 毫克/氮 16 克之间。

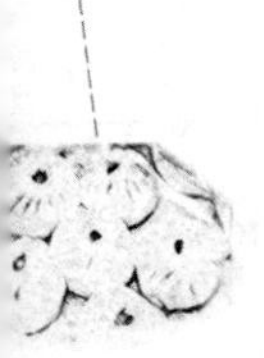

为更好的评价食物的营养价值，常用氨基酸指数进行比较，计算研究结果显示，如果鸡蛋必需氨基酸指数为 100，则马铃薯必需氨基酸指数为 55～84。其中一些高蛋白品种

均在72以上，有一个品种则为100，与鸡蛋的完全一样。可见，马铃薯营养是十分丰富的。

对食物蛋白质、氨基酸的消化率，也影响其营养价值的高低，计算结果显示，如奶酪蛋白氨基酸指数为100，则马铃薯氨基酸指数为89；如鸡蛋氨基酸指数为100，则马铃薯氨基酸指数为75。

另外，不同年龄段的人群对必需氨基酸的需要量也不一样，现把国际卫生组织建议的食用量，整理成表13。

表13　国际卫生组织建议氨基酸的食用量

氨基酸（毫克/克）	建议食用量				
	婴儿	2～5岁	10～12岁	成年人	马铃薯含量
赖氨酸	66	58	44	16	60
色氨酸	17	11	9	5	14
缬氨酸	55	35	25	13	51
蛋氨酸	42	25	22	17	30
苏氨酸	43	34	28	9	39
苯丙氨酸	72	63	22	19	78
亮氨酸	93	66	44	19	59
异亮氨酸	46	28	28	13	39
组氨酸	26	19	19	16	20

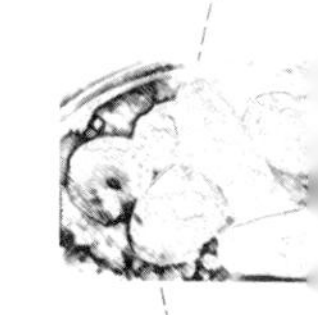

表13结果显示，马铃薯必需氨基酸含量除不能满足婴儿外，基本都能满足2～5岁学龄前儿童、10～12岁学龄儿童和成年人的需要。

为进一步评价马铃薯的营养价值，还用马铃薯总氮和蛋白质进行了微生物分析实验、动物饲养实验（用马铃薯饲喂老鼠）和不同年龄男女的食用实验，结果都证明马铃薯蛋白质优良，食用人群身体健康。详细的实验过程及结果可见

附录。

（四）马铃薯是活的“维生素丸”，种类多，含量高，有“抗癌之王”的美誉

马铃薯富维生素，一是种类多，二是含量高，有几种维生素的含量超过了一些绿色蔬菜和水果。因此，马铃薯有维生素丸的美誉，维生素有“抗癌之王”之称，所以，马铃薯有能预防和辅助治疗癌症的作用。

1. 维生素种类及含量。现把马铃薯维生素种类及含量整理成表，为便于与其他富含维生素的蔬菜相比较，一同列入表14。

表14　马铃薯等100克的维生素含量

名称	胡萝卜素（微克）	维生素 B_1（毫克）	维生素 B_2（毫克）	烟酸（毫克）	维生素C（毫克）	维生素 B_6（毫克）	叶酸（微克）	泛酸（微克）	维生素H（微克）
马铃薯	微量	0.11	0.04	1.20	30.0	0.25	14.0	0.30	0.10
胡萝卜	12 000	0.06	0.05	0.60	6.0	0.15	15.0	0.25	0.60
洋葱	0	0.03	0.05	0.20	1.0	0.10	16.0	0.14	0.90
番茄	600	0.06	0.04	0.70	20.0	0.11	28.0	0.33	1.50
辣椒	200	微量	0.03	0.70	100.0	0.17	11.0	0.23	—
秋葵	90	0.10	0.10	1.00	25.0	0.08	100.0	0.26	—
菜豆	400	0.05	0.10	0.90	20.0	0.07	60.0	0.05	0.70
花椰菜	30	0.10	0.10	0.60	60.0	0.20	39.0	0.60	1.50
西葫芦	1 500	0.04	0.04	0.40	5.0	0.06	13.0	0.40	0.40

注：马铃薯是新收获的，辣椒、菜豆均为绿色的。

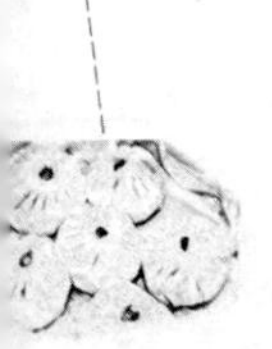

表14结果显示，马铃薯含维生素9种，其中维生素 B_1、维生素 B_6 和烟酸含量均居9种蔬菜之首，分别达0.11

毫克、0.25 毫克和 1.20 毫克。维生素 C 含量达 30 毫克，仅低于绿色的辣椒和花椰菜（菜花），排在第三位。维生素 B_2 等其他 5 种维生素也有一定的含量。

马铃薯维生素的特点是，这 9 种全是水溶性的，易于溶解和被人体吸收。

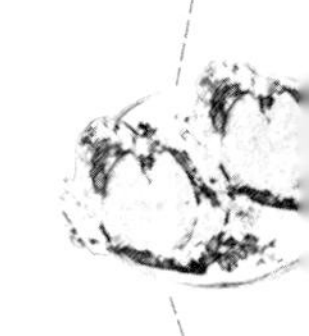

2. 马铃薯维生素 C 的特性。维生素 C 又称抗坏血酸。它在马铃薯里以氧化、还原两种形式存在。刚收获的马铃薯，还原态的 L-抗坏血酸在数量上占优势。它是烯二醇族化合物，在氧化反应中形成脱氢 L-抗坏血酸。两种形式的抗坏血酸都具有活性。但是，脱氢 L-抗坏血酸性质不稳定，能继续被氧化形成 2，3 二酮古洛酸。L-抗坏血酸和脱氢 L-抗坏血酸之间的反应是可逆的，可以相互转化；而脱氢 L-抗坏血酸形成 2，3 二酮古洛酸反应是不可逆的，一旦形成 2，3 二酮古洛酸，就失去了活性，不再有抗坏血酸的功能。所以，要防止脱氢 L-抗坏血酸被氧化形成 2，3 二酮古洛酸，以防止抗坏血酸含量的减少。

3. 马铃薯不同食品的维生素含量。由于加工及烹饪方法不同，马铃薯不同食品维生素含量也有较大的差异，详见表 15。

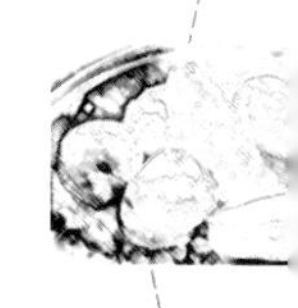

表 15　马铃薯不同食品维生素含量（每 100 克食品）

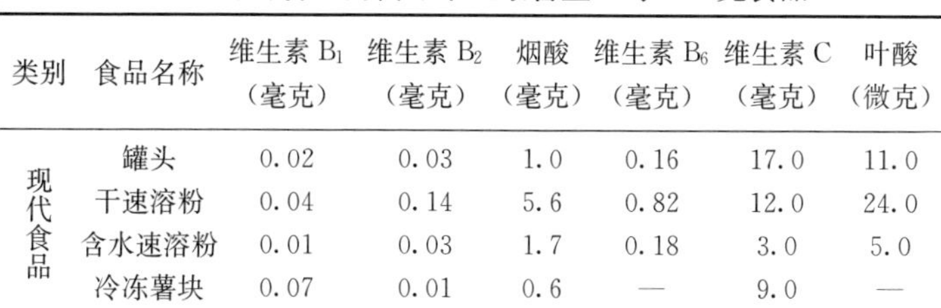

类别	食品名称	维生素 B_1（毫克）	维生素 B_2（毫克）	烟酸（毫克）	维生素 B_6（毫克）	维生素 C（毫克）	叶酸（微克）
现代食品	罐头	0.02	0.03	1.0	0.16	17.0	11.0
	干速溶粉	0.04	0.14	5.6	0.82	12.0	24.0
	含水速溶粉	0.01	0.03	1.7	0.18	3.0	5.0
	冷冻薯块	0.07	0.01	0.6	—	9.0	—

（续）

类别	食品名称	维生素 B_1（毫克）	维生素 B_2（毫克）	烟酸（毫克）	维生素 B_6（毫克）	维生素 C（毫克）	叶酸（微克）
传统食品	冻薯	0.07	0.20	1.6	—	1.0	—
	巴巴斯	0.19	0.09	5.0	—	3.0	—
	白丘珍	0.03	0.04	3.8	—	1.0	—
	黑丘珍	0.13	0.17	3.4	—	2.0	—

表 15 结果显示，在现代食品中，维生素含量除干速溶粉比鲜薯有所增加外，其他 3 种均有不同程度的减少；而在传统食品中，多种维生素均有所增加，这与食品加工方法及浓缩程度有关。

消费者可根据食品维生素含量及喜好，加以选择。

4. 马铃薯是民众饮食维生素 C 的重要来源。马铃薯含维生素种类多，维生素 C、B 族维生素和叶酸含量高，其中维生素 C 含量高于红薯、木薯和大多数谷物，也高于多种常用蔬菜，仅低于绿色辣椒和花椰菜（菜花）。因此，马铃薯是广大民众饮食中维生素 C 的重要来源。一项研究成果显示，马铃薯对不同年龄段的人群都能提供较多的维生素，详见表 16。

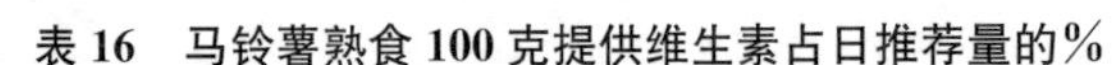

表 16 马铃薯熟食 100 克提供维生素占日推荐量的%

	人群	维生素 B_1	烟酸	叶酸	维生素 B_6	维生素 C
儿童	1～3 岁	18	17	12	25	80
	4～6 岁	13	12	12	18	80
	7～9 岁	10	10	12	14	80
女青少年	10～12 岁	9	9	12	13	80
	13～15 岁	8	8	6	13	53
	16～19 岁	8	7	6	12	53

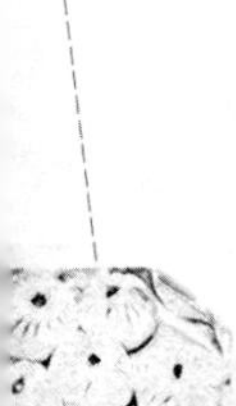

（续）

人群		维生素 B_1	烟酸	叶酸	维生素 B_6	维生素 C
男青少年	10～12 岁	10	10	12	13	80
	13～15 岁	9	9	6	12	53
	16～19 岁	10	10	6	12	53
成年	男人	8	8	6	10	53
	女人	10	10	6	10	53

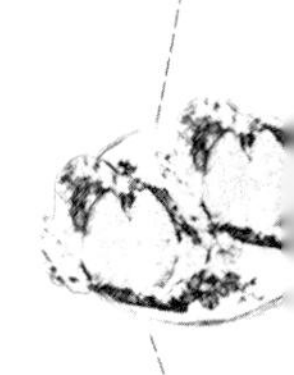

表 16 结果显示，带皮蒸（煮）熟的马铃薯 100 克，可供儿童维生素 C 日推荐量的 80%以上；成年人、男女青少年日推荐量的 53%以上。维生素 B_1 等 5 种维生素也占日推荐量的 6%～25%，份额也是不小的。

因为马铃薯是人们维生素特别是维生素 C 的重要来源，所以一些国家都十分重视食用马铃薯。在澳大利亚，每人每天食用马铃薯 150 克（一个中等大小的马铃薯），供给维生素 C 的量就占日推荐量的 50%～60%。在英国，1979 年民众从马铃薯食品摄取的维生素 B_6 和泛酸分别占日荐量的 28%和 11%。1983 年民众从马铃薯食品摄取的维生素占日推荐量的比例，维生素 C 为 19.4%，维生素 B_1 为 8.7%，烟酸为 10.6%。在欧洲各地，人们从马铃薯摄取维生素 C 占日推荐量的比例，从南部地区的 10%到北部地区的 50%～60%，愈往北部占的比例愈大。

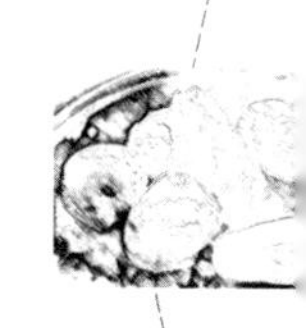

柑橘含维生素较多，素有“维生素 C 之王”的美誉。马铃薯供给人们维生素 C 的数量与美国柑橘类水果供给维生素 C 的数量大体相等。只不过是人们对马铃薯富含维生素 C 及一个中等马铃薯含量占日推荐量 50%以上的比例不太清楚而已。随着科技工作者选育出早熟和极早熟马铃薯品

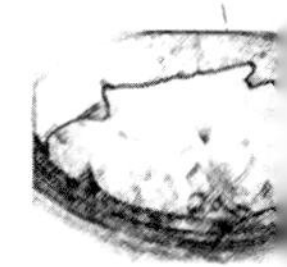

种，提早成熟和上市，马铃薯给人们提供维生素 C 的贡献就更大了。物美价廉的马铃薯能提供和柑橘大体同等数量的维生素 C，我们何乐而不为。

（五）马铃薯是天然的“黄金搭档”，钾含量突出

目前，市场上销售的黄金搭档由 7 种维生素和钙、铁、锌及硒 4 种矿物质及微量元素组成，而马铃薯含的维生素种类（9 种）和矿物质、微量元素种类（18 种），大大超过“黄金搭档”含的种类。因此，马铃薯是名副其实的天然的黄金搭档。

1. 种类及含量。马铃薯富含矿物质和微量元素，又称灰分，其含量占鲜重的 1%，占干薯重的 4%～6%，现把马铃薯含矿物质种类及含量整理成表 17。

表 17　马铃薯 100 克含矿物质含量（毫克）

类别	种类	带皮鲜的含量		削皮薯的含量
		范围	平均	平均
矿物质	钙	1.7～1.8	6.5	5.5
	镁	10～29	20.9	18.6
	磷	27～89	47.9	44.0
	钾	204.9～900.5	564.0	376.0
	钠	22～66	7.7	6.6
微量元素	铝	0.301～1.511	0.610	—
	硼	0.081～0.168	0.136	—
	铬	—	0.023	—
	钴	—	0.065	—
	铜	0.014～0.327	0.193	0.088
	氟	0.02～0.38	—	0.11

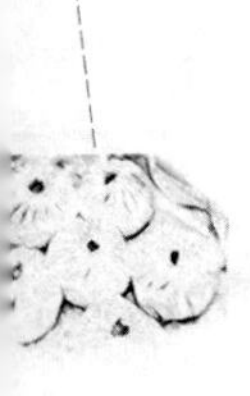

（续）

类别	种类	带皮鲜的含量		削皮薯的含量
		范围	平均	平均
微量元素	碘	0.011～0.035	0.019	—
	铁	0.13～2.311	0.740	0.403
	锰	0.072～0.099	0.253	0.140
	钼	＜0.011～0.186	0.091	0.036
	镍	0.008～0.037	—	—
	硒	＜0.000 2～0.029	0.006	0.000 3
	锌	0.11～0.70	0.410	0.280

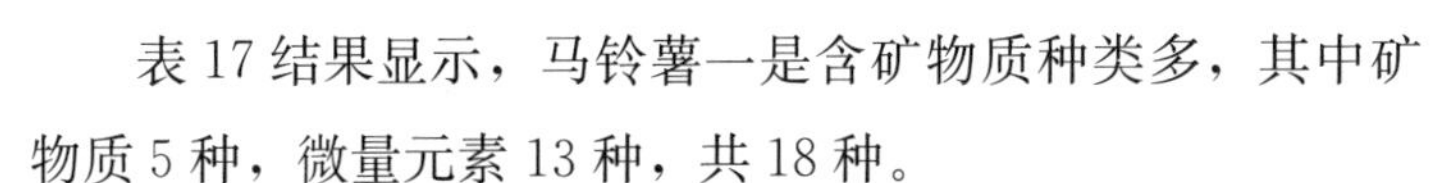

表17结果显示，马铃薯一是含矿物质种类多，其中矿物质5种，微量元素13种，共18种。

二是部分矿物质和微量元素含量高。马铃薯100克含钾564.0毫克，磷47.9毫克，镁20.9毫克，铁0.74毫克，锰0.25毫克，锌0.41毫克，含量较高，其中钾含量尤为突出。

三是薯皮中部分矿物质和微量元素含量较高。鲜薯薯皮100克含钾188毫克，含磷3.9毫克，含铁0.337毫克，含锌0.13毫克，分别占整个薯块含量的1/3、1/2、1/2和1/3，含量占的比例较大。因此，应尽量把薯皮洗净，加以食用，以提高对矿物质（灰分）的利用率。

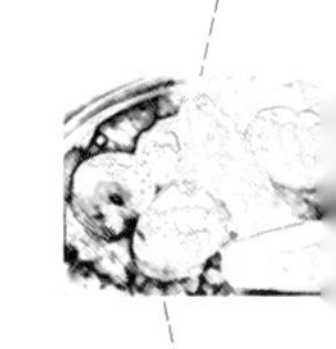

2. 马铃薯熟食含铁量高于大米饭，且有效性高。马铃薯鲜薯100克（下同）含铁0.8毫克，与红薯（1.1毫克）、芋（1.2毫克）、木薯（1.0毫克）、玉米（3.4毫克）、大米（1.1毫克）、小麦（3.9毫克）、高粱（4.9毫克）和菜豆（7.6毫克）的铁含量相比，显然都低一些，有的还低得较多。但是，人们都需吃熟食，这些食物制成熟食后，含铁量

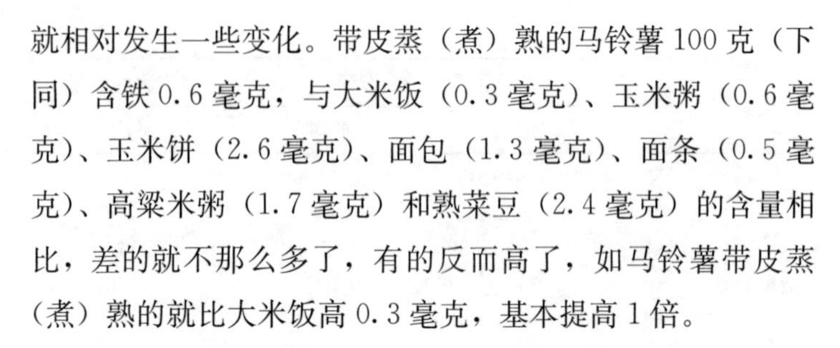

就相对发生一些变化。带皮蒸（煮）熟的马铃薯 100 克（下同）含铁 0.6 毫克，与大米饭（0.3 毫克）、玉米粥（0.6 毫克）、玉米饼（2.6 毫克）、面包（1.3 毫克）、面条（0.5 毫克）、高粱米粥（1.7 毫克）和熟菜豆（2.4 毫克）的含量相比，差的就不那么多了，有的反而高了，如马铃薯带皮蒸（煮）熟的就比大米饭高 0.3 毫克，基本提高 1 倍。

因为马铃薯维生素 C 含量高，所以能提高铁的有效性及利用率。研究结果显示，铁元素在食物中以血红蛋白和非血红蛋白两种形式存在，而在包括马铃薯在内的一些蔬菜中，铁元素是以非血红蛋白形式存在。维生素 C 增加铁元素的溶解度，促进对铁元素的吸收，故能提高铁的有效性和利用率。因此，不同食物的含铁量近似，但对马铃薯中铁的利用率就多一些，道理就在于此。

3. 马铃薯磷含量高、有效性高。食物中的磷有两种形式，一种是植酸盐形式的磷，另一种是非植酸盐形式的磷，前者是不溶性的，不能被人体吸收；后者是可溶性的，能被人体吸收。

马铃薯富含磷，每 100 克鲜薯含磷 50 毫克，其中非植酸盐形式的磷占 75%左右，植酸盐形式的磷只占 25%左右。所以，马铃薯含的磷有效性高，利用率当然就高。而有的食物含磷量也很高，但由于大部分是植酸盐形式的磷，所以不能被人体吸收利用，如小麦 100 克含磷 359 毫克，看数字很高，但植酸盐形式的磷占 68%～75%，人体不能吸收利用，是无效磷。因此，评价食物的磷含量，不但要看磷的绝对值，更要看磷的有效性，这样才能做出正确的评价。

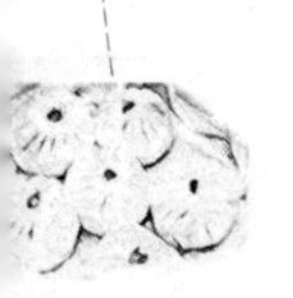

4. 马铃薯钾与钠含量比例适宜。马铃薯含钾量极高，每100克鲜薯含钾564毫克，而含钠量较少，只有7.7毫克。高钾低钠食物对于高血压病人，以及限制钠食用量的人都格外有益。

5. 马铃薯是民众饮食中矿物质和微量元素的重要来源。科学家的研究结果显示，每天食用带皮蒸（煮）熟的马铃薯100克，不同年龄段人都占日推荐铁元素量的比例，详见表18。

表18　马铃薯熟食100克提供日推荐铁元素的比例

不同年龄段人群	占日推荐摄入铁量的%
1～9岁儿童	6～12
10～12岁女青少年	6～12
13～15岁女青少年	3～7
16～19岁女青少年	7～12
10～12岁男青少年	6～12
13～15岁男青少年	3～5
16～19岁男青少年	2～4
成年妇女	2～4
成年男人	2～12

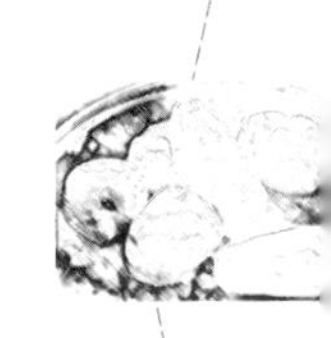

表18结果显示，每人每天食用马铃薯熟食100克，摄取铁元素占日推荐量均有一定的比例，再加上马铃薯含维生素C较多，提高了铁的有效性，实际上比上述比例还要高一些。

美国的研究结果显示，把单一食物的含铁量进行排队，马铃薯名列第三，说明其含铁量是比较高的。

美国的研究结果还显示，每人每天食用马铃薯100克，

摄取其他矿物质的量占日推荐量的比例详见表19。

表19　马铃薯熟食100克提供几种矿物质占日推荐量的比例（%）

人群	碘	锌	磷	铜	镁	锰	铜	锌
儿童	30	4	7	8	10	10	8.4	4.3
成年人	13	2	7	8	10	10	8.4	4.3
资料来源	美国数据				英国数据			

表19结果显示，马铃薯100克还能提供碘、锌、磷、铜、镁这么多的矿物质和微量元素，且占有一定的比例，确是人们饮食矿物质和微量元素的重要来源，说马铃薯是天然的“黄金搭档”，名实相符，十分恰当。

（六）马铃薯膳食纤维是肠道的“清道夫”，通便防癌

马铃薯膳食纤维被称为第七营养元素，是人体健康不可缺少的物质，具有重要的保健防病功能，是其他营养元素不可替代的。因此引起科学工作者的极大关注及浓厚的食用兴趣。

1. 含量。马铃薯鲜薯100克含膳食纤维2.1克。带皮蒸（煮）熟的马铃薯100克含膳食纤维1.07克，与大米饭（0.8克）、玉米粥、面条和高粱米粥的膳食纤维含量不相上下。

马铃薯不同食品因烹饪加工方法不同及浓缩程度不同，其膳食纤维含量也有较大的差异，详见表20。

表 20　马铃薯食品 100 克膳食纤维含量

马铃薯食品 100 克	膳食纤维含量（克）
带皮蒸（煮）熟的马铃薯	1.07
削皮蒸（煮）熟的马铃薯	1.06
带皮烤熟的马铃薯	1.90
油煎马铃薯	2.70
油炸薯片	3.30
干脆薯片	11.90

表 20 结果显示，干脆薯片含膳食纤维最多，是白粗粉薄片（35 克，下同）膳食纤维含量的 1 倍、白面包的 0.7 倍和褐色粗粉面包的 0.5 倍。

2. 种类。马铃薯膳食纤维包括纤维和抗性淀粉在内。1992 年世界粮农组织给抗性淀粉的定义是，“健康者小肠中不能吸收的淀粉及其降解产物”，就是抗性淀粉。抗性淀粉虽然不能被小肠消化吸收及提供葡萄糖，但在结肠中能被肠内的细菌发酵，并产生短链脂肪酸和气体，刺激益菌生长，产生的有益作用与膳食纤维的作用相似，故认为抗性淀粉是膳食纤维的一种。

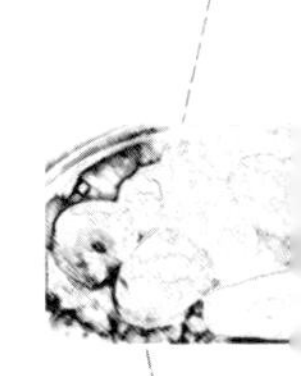

3. 功能。近年来的研究结果显示，膳食纤维能预防、防治结肠癌、肠憩室、心血管疾病、便秘、肥胖和“富贵病”等，它预防防治这些疾病的机理有三。一是包括抗性淀粉在内的膳食纤维在小肠中不能被消化吸收，供给热量低而持久，故饱腹作用时间长，总感觉不饿，利于节食。二是抗性淀粉有调节血糖的作用，食物中胺类等毒素在结肠中聚集是诱发结肠癌的一个重要诱因。而抗性淀粉在结肠中发酵的产物，一方面降低其 pH，保持肠道内的酸性环境，同时促

进了毒素的分解及排出，故能预防结肠癌的发生。三是包括马铃薯在内的一些蔬菜，含有较多的果胶及相关物质，它们是可溶性的，这类膳食纤维能降低血液中胆固醇的含量，以及胰岛素对葡萄糖、碳水化合物的敏感性，因而能防病。四是在肠道内，膳食纤维像吸水海绵一样，吸附脂肪、胆酸、胆固醇，并刺激肠蠕动，将肠内胆固醇、脂肪、毒素随粪便排出体外，它具有饱腹、通便、排毒素、降糖、降脂作用，故能防高血脂等疾病。

4. 马铃薯是民众饮食中膳食纤维的重要来源。世界营养学家推荐，每人每天摄取膳食纤维 20～30 克为宜，以保持结肠的正常功能。而我国民众人均日摄取量只有 8 克左右，仅占推荐量的 30%左右，明显不足。

英国民众从马铃薯食品中摄取膳食纤维的量已占摄取总量的 15%，说明马铃薯是民众饮食中膳食纤维的重要来源之一。

（七）类脂化合物含有不饱和亚油酸和亚麻酸，利于防病

马铃薯类脂化合物含量较少，只占鲜薯重的 0.08%～0.13%。

马铃薯类脂化合物功能及作用有三，一是增强薯皮抗破裂能力，减少薯块破损，保持薯块完整性，提高商品率。二是防止薯块酶变反应使其变成黑色，薯皮一旦破裂，薯肉就会发生酶变反应，并变成黑色，进而影响食品质量，造成浪

费。三是类脂化合物中75%的脂肪酸是不饱和的亚油酸和亚麻酸，它在烹饪及加工过程中能产生香味，脱去不良味道，进而提高马铃薯食品的适口性，增强人们的食欲。

类脂化合物易被氧化，特别是在类脂降解酶的作用下，不饱和脂肪酸能被迅速的分解成游离态的脂肪酸及其化合物，从而失去产生香味等作用。因此，应防止类脂化合物被氧化，以发挥其功能和作用。

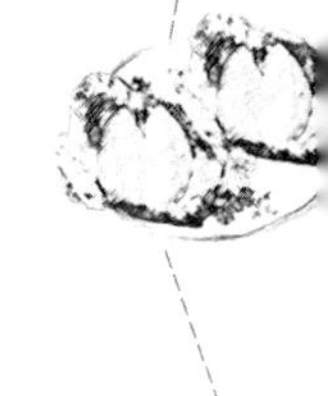

（八）酶能促进新陈代谢和营养吸收

马铃薯酶在生理活动中起着重要作用。现把马铃薯酶的种类及功能简介如下。

1. 磷酸化酶。在低温条件下，马铃薯磷酸化酶把淀粉分解成1-磷酸葡萄糖。与此同时，在磷酸蔗糖合成酶的作用下，把葡萄糖的一部分转化为蔗糖。所以马铃薯变甜。尔后，由于β-呋喃果糖酶（蔗糖酶）和β-呋喃果糖酶抑制剂数量相对变化，控制和调节了把蔗糖分解成葡萄糖和果糖的数量，从而保持了淀粉、葡萄糖、果糖和蔗糖数量的动态平衡。

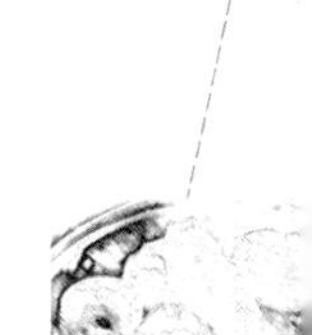

但是，在较高的温度条件下，磷酸化酶抑制剂开始活跃，抑制了磷酸化酶的活动，不能把淀粉分解成1-磷酸葡萄糖，淀粉占的比例大，马铃薯味道当然就不甜了，道理就在于此。

2. 类脂化合物降解酶。一种是溶脂酰基水解酶，它能分解磷脂和糖脂，并释放出脂肪酸。另一种是脂氧合酶，它

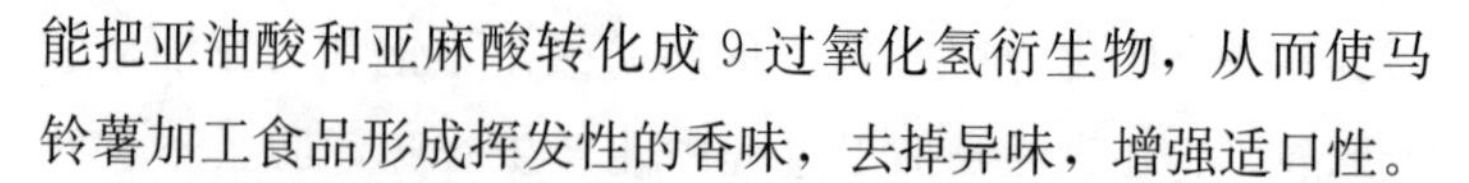

能把亚油酸和亚麻酸转化成9-过氧化氢衍生物，从而使马铃薯加工食品形成挥发性的香味，去掉异味，增强适口性。

3. 多酚氧化酶。当马铃薯组织及细胞破损后，多酚氧化酶（酪氨酸酶）接触到酪氨酸和邻羟基苯酚就发生反应，把它氧化成黑色的化合物（黑色素）。当把马铃薯削皮或切块后，受伤组织马上变成褐（黑）色，就是多酚氧化酶作用的结果，一般称作酶变反应。

在烹饪及加工马铃薯前的准备过程中，一般要进行削皮及切片（丝），由于酶变反应使薯肉变黑，轻则影响食品质量，重则弃之不用，造成浪费。因此，要抑制多酚氧化酶的活动，防止薯肉变黑。马铃薯削皮及切片后立即用水浸泡，可防止酶变反应变黑。

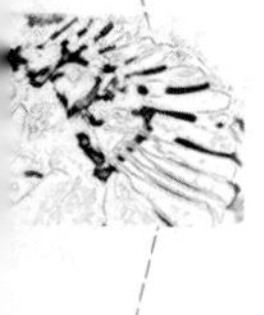

（九）有机酸既是营养物质，又能促进矿物质吸收

1. 种类。马铃薯含的有机酸种类较多，主要是柠檬酸和苹果酸（羟基丁二酸）。还有草酸、延胡索酸、绿原酸、磷酸、抗坏血酸、烟酸、植酸、氨基酸和脂肪酸等。

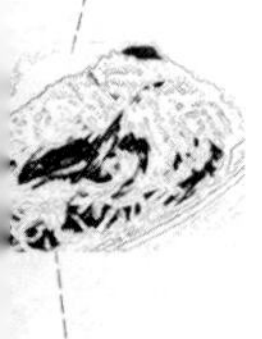

2. 功能及作用。马铃薯有机酸因种类不同，其功能及作用也不相同，大体可分为以下几种。

（1）营养物质。如氨基酸、抗坏血酸（维生素C）。

（2）影响微量元素的活性。如植酸降低磷的有效性，抗坏血酸提高铁的有效性。

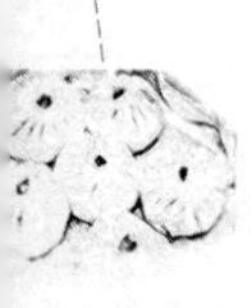

（3）影响薯肉的颜色。如在蒸（煮）马铃薯时，绿原酸与三价铁离子进行反应生成一种黑色的复合物，结果使部分

薯肉变黑。这种反应称为蒸煮变黑或非酶类变黑。

（4）成熟度的指示剂。如苹果酸含量水平高低能反映马铃薯成熟度，因而可作为马铃薯成熟的指示剂。

这些有机酸及矿物质的综合作用，决定了马铃薯的味道、马铃薯汁液的 pH，致使马铃薯呈碱性，是碱性食物。

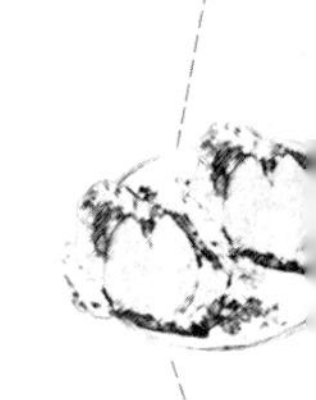

（十）色素抗氧化能力强，利于防病

马铃薯含有花青素，主要分布在皮层，能使马铃薯表皮全部或部分着色。因花青素种类不同，其颜色也不一样，大多数品种薯块呈白色或紫色，有少数呈黑色。

马铃薯薯肉有白色的，黄色的，颜色深浅也不一样，这是由品种特性决定的。一般说来，黄色是由类胡萝卜素形成的。类胡萝卜素主要是紫黄素，其次是叶黄素。含量较少的是新叶黄素及β-胡萝卜素。薯肉黄色深浅与类胡萝卜素含量多少有关。种植者可根据消费者喜爱的薯肉颜色选种品种，以满足消费者的需求。如香港市场喜欢黄肉马铃薯，河北省满族蒙古族自治县专门组织几个乡生产黄肉马铃薯（品种：集农 958），不但满足了市场需求，他们也卖了个好价钱，双方受益。

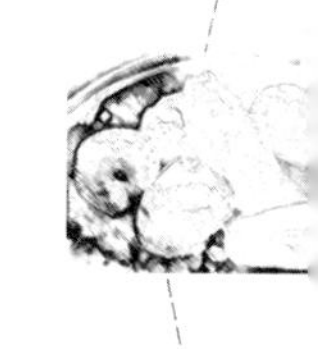

收获后的马铃薯如果阳光照射的时间长，其表面就会形成叶绿素，结果薯皮变绿，甚至成为“绿薯”，过去认为绿薯含有较多的茄碱，不能食用。近年来的研究结果显示，薯皮变绿是形成叶绿素造成的，与茄碱无关，不影响食用。

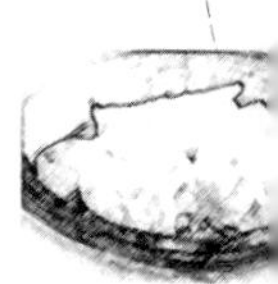

（十一）糖甙生物碱系药用成分，防病治病

马铃薯同茄科许多其他种植物一样，都含有生物碱。由于生物碱是药用成分，并有药用价值，故包括马铃薯在内的许多茄科植物长期作为药用，用于保健和治病。祖国医学认为生马铃薯具有和胃调中，益气健脾，强身益肾，消炎，活血，消肿等功效。可辅助治疗消化不良，习惯性便秘，神疲乏力，慢性胃痛，皮肤湿疹等症；而马铃薯做成熟食，功效就有了变化，可以和胃、健脾、益气、强身健肾。

1. 成分。茄属（Solanum）植物含的3-氢木甾化合物生物碱衍生物，统称为糖甙生物碱，又称生物碱，茄精（碱），龙葵素。它是一种含氮有机化合物。

马铃薯生物碱由α-茄碱、α-查茄碱、β-查茄碱、白英碱、垂茄碱和番茄碱等组成。生物碱是弱碱性物质，在弱酸性及酸化的酒精里能迅速溶解。在水里稍有溶解。开始分解的温度是243℃，熔点是285℃。

2. 含量及食用的安全性。在马铃薯植株的各部分都含有生物碱，详见表21。

表21　马铃薯植株各部分生物碱含量

马铃薯植株部分	每100克生物碱含量（毫克）
芽	200～400
花	300～500
茎	3
叶片	40～100
马铃薯	7.5

表 21 结果显示，马铃薯花和芽里生物碱含量最高，叶片里次之，马铃薯茎（秆）里最少。

人们主要是食用及加工马铃薯，所以要重点介绍生物碱在马铃薯各部分的含量，详见表 22。

表 22　马铃薯各部位生物碱含量

马铃薯部位	每 100 克生物碱含量（毫克）
皮层（占薯的 2%～3%）	30～60
薯皮和芽眼（围绕芽眼 3 毫米圆面）	30～50
薯皮（占薯的 10%～15%）	15～30
整个马铃薯	7.5
薯肉	1.2～5.0

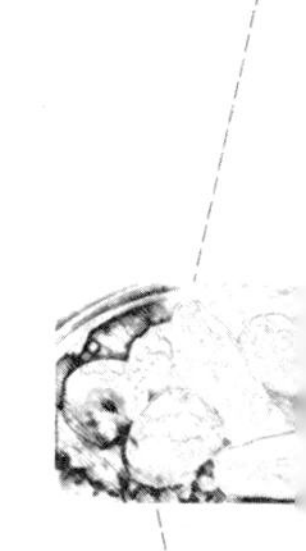

表 22 结果显示，在薯皮、皮层和芽眼及周围生物碱含量最高，薯肉里最低，但在贮藏过程中，随着贮藏时间的延长，生物碱能从皮层向内部转移，马铃薯生物碱含量多少是由品种特性（内因）决定的。检测结果显示，生物碱含量（毫克/100 克）在 5.0 以下的品种占检测品种的 34.8%；含量在 5.1～10.0 之间的占 51.2%；含量在 10.1 以上的占 14.2%。大多数马铃薯品种生物碱含量在 10.0 毫克/100 克薯以下。

马铃薯生物碱对人、畜有毒，易产生苦味，因而有人担心食用安全，以及影响食品的口感及风味。但是，研究及生活实践结果显示，马铃薯生物碱含量在 100 克薯含 10 毫克以下，人们食用时根本感觉不出来，另外，在烹饪及加工前，一般都要削薯皮，薯皮含生物碱最多，经过这道操作程序，生物碱含量一般要减少 30%以上。这样，烹饪的菜肴

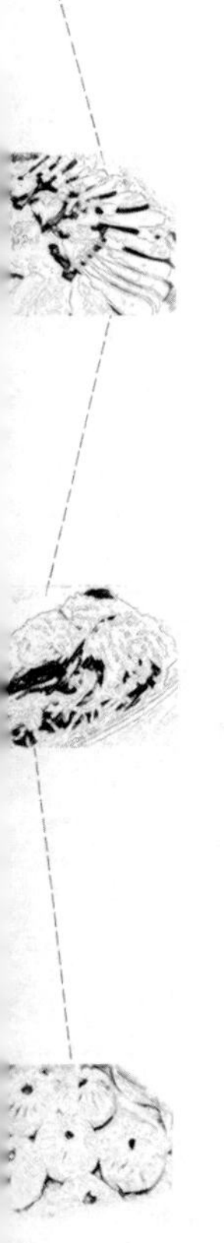

及加工的食品里，生物碱含量就微乎其微了，既没有安全问题，也没有影响质量问题，可放心的食用。当然，马铃薯萌芽了，生物碱含量增加了，就应该把芽及周围部分挖掉，其他薯肉仍可食用。

3. 功能及作用。马铃薯植株里的生物碱能提高田间的抗虫性（如科罗拉多甲虫）、抗病性（如晚疫病）和抗逆性（如耐冷、抗早霜）。马铃薯栽培种生物碱含量一般在 10 毫克/100 克薯以下；野生马铃薯生物碱含量一般在 20 毫克/100 克薯以上，是选育马铃薯高产、优质、抗逆性强新品种的育种材料，十分宝贵。

马铃薯生物碱对人们保健祛病功能及作用，在后面的章节里进行介绍。

此外，马铃薯还含有蛋白酶抑制物、血球凝集素等物质。

六、马铃薯作主食助力民众健康

马铃薯亦粮、亦菜、亦果、亦药，样样出色。因此，深受广大民众的青睐，上至国家元首，下至普通百姓，对食用马铃薯都情有独钟。2008 年 4 月 2 日，20 国集团领导人在伦敦召开峰会，时任英国首相戈登·布朗设宴招待各国首脑，其中的一道菜就是马铃薯泥。可见马铃薯在各国政要心目中的地位：营养、时尚、珍贵。普通百姓对马铃薯更是感情深厚。长期生活工作在马铃薯主产区（河北省丰宁满族自治县坝上地区）的杨不扬常年和马铃薯打交道，对食用马铃薯认识深刻，撰文称赞道，“山药蛋成了人们必不可少的食物，炒山药丝，山药片，熬山药条，烀山药、蒸山药、包山药饺子，蒸山药鱼子，烙山药饼，还可以腌山药当咸菜吃。晒干山药推山药面吃。人们是千方百计变着法吃山药蛋。山药蛋也给予人们热量、劲头、体魄和气质”。“现在人们吃山药蛋则是换着花样，提高了档次和品位，什么双煎土豆线，拔丝山药，醋熘山药等。”他对食用马铃薯方法的简要介绍，充分说明了马铃薯在饮食中的地位及食用种类、方式、方法的多样性。但总体上国人吃马铃薯的方法还比较单一，有必要吸收国外民众食用马铃薯的一些做法。

如果说在国人眼中马铃薯仅仅是入菜用的，在饮食中只是个“配角”。那么，西方人早已把马铃薯作为主食、饮食中的“主角”，几乎餐餐离不开马铃薯，特别是欧美国家的民众，马铃薯是仅次于面粉的重要主食，沙拉、浓汤、零食、方便食品、样样都有马铃薯。真的是菜也马铃薯，饭也马铃薯，名副其实的饮食主角，正如西方一位社会名流说的，如果餐桌上没有马铃薯食品，就不是一顿正餐，可见马铃薯在人们饮食中的重要性。

当今，我国民众多以大米、面粉及其加工制品馒头、面条、米粉等为主食，且形成了习惯。其实，马铃薯的营养价值比大米、白面还要高，它集粮、果、菜的营养于一身，除含蛋白质、脂肪、碳水化合物、维生素、矿物质、膳食纤维和水等人类必需的七类营养外，还含有谷物没有或缺少的营养素，如花青素（抗氧化剂）、有机酸和生物碱等特殊成分。其营养种类、成分齐全，含量丰富，比例均衡。其中钾、镁元素及维生素 C 等含量突出，与米、面等搭配食用是最佳的组合。

另外，随着人们健康意识的增强，由吃饱吃好到吃出健康的转变，对马铃薯食用也有了三大转变，即由副食消费向主食消费转变；由原料产品向产业化系列制成品转变；由温饱消费向营养健康消费转变。马铃薯逐渐成为餐桌上主食的环境和氛围正在形成。食物营养是人们健康的物质基础。把马铃薯作主食，一日三餐食用马铃薯系列产品，就像“一杯

牛奶强盛一个民族”一样，必然会提高中华民族的健康水平，长期坚持，必见成效。

（一）食用马铃薯的方法

食用马铃薯的方法多种多样，但大体可以分为两大类。一是鲜食（作菜或作主食），二是食用马铃薯的加工食品。我国民众以鲜食马铃薯为主（多作菜肴）；有鲜贮、鲜运、鲜销、鲜食之称，90%以上的马铃薯鲜食且作菜肴，故还有菜薯的称谓。而国外民众食用马铃薯以其加工食品为主，既作主食，又作菜肴，还有多种小食品，饮食的方方面面都有马铃薯的身影。

1. 作主食。欧美的民众把马铃薯作主食。如美国，全国马铃薯总产1 800万吨，加工数量达1 300万吨，占总产的73%，马铃薯食品达70多种，年人均19千克。法国年人均消费马铃薯19千克，其中加工食品占45%。英国年人均消费马铃薯100千克，其中冷冻制品最多。我国除一些边远地区以马铃薯当主食外，大多数地方偶尔当作一顿主食，是吃个新鲜。把马铃薯作主食的方法也是多种多样，大体有以下几类。

（1）蒸（煮、炟）马铃薯类。即把马铃薯洗净，如蒸馒头一样，蒸熟后即可食用。炟马铃薯是将其洗净后放在锅里，加适量的水，加热先煮，水快干了，变成了“炟”，薯块接触锅底部部分薯肉呈焦状，上部薯皮破裂，即“开花”了，薯香四溢。因炟的薯块比蒸煮的薯块水分少一些，味道

更香了，十分诱人。

（2）面食类。先把马铃薯制成全粉、淀粉等面粉，再用这些面粉制作面包、饺子、烙饼等面食。薯粉就像白面一样，可以制作多种面食，质量不次于面粉做的。

（3）薯米类。马铃薯米又称人造米，也是先制成全粉、淀粉，而后再加工成如各种米状的颗粒，马铃人造米的形状及味道可与大米媲美。

（4）地方小吃。河北省承德市坝上地区有种地方小吃，称“山药鱼子”，还有一种叫“驴耳朵”，即把山药面（薯面）加水和好，搓成“鱼子”或搓成“驴耳朵”，用锅蒸熟，再加汤卤即可食用，很受欢迎。

（5）烘烤类。把马铃薯放烤箱或炉子上烤熟，一些地方老乡用烧过的柴灰埋上烤熟。

（6）特殊食品。马铃薯食品是一种重要的宇航食品。宇航员在宇宙飞行中几乎每餐都要吃马铃薯食品。

2. 作菜肴。国人大都鲜食马铃薯，多是作菜肴，无论是家庭还是餐馆，普遍用薯块来烹饪菜肴，种类很多，大体可分为如下几类。

（1）炖菜类。即把土豆切成块，与各种肉或菜炖在一起，如传统经典的牛肉炖土豆就很有名气。

（2）炒菜类。即把土豆洗净去皮，切成片或丝，用肉炒，如肉炒土豆片（丝）等，都是餐桌上常见的菜肴。

（3）拌菜类。即把土豆洗净去皮，切成丝，用开水焯熟，而后加各种佐料即可食用。如拌土豆丝，以及近年来出现的登云土豆丝，番茄汁拌土豆丝，都提高了档次和品位，

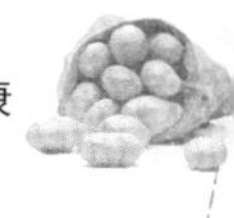

很受欢迎。

（4）油炸类。即把土豆洗净去皮，切成丝或条，用油炸。如炸薯丝、炸薯条，非常受欢迎。但油脂太多，不利健康，一些专家称其为“垃圾食品”，应严格限制食用量。

（5）薯泥类。即把马铃薯洗净去皮蒸熟后，捣烂如泥，或用马铃薯全粉制成薯泥，而后加上佐料，就是一道美味佳肴。

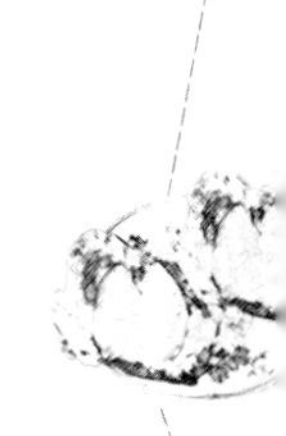

（6）其他类。即用马铃薯全粉加其他原料制成多种食品，如虾仁土豆丸子，珍珠薯茸卷，嫩牛肉土豆松，松花土豆卷，蛋白土豆夹，豆豉鲮鱼土豆松……琳琅满目，精彩纷呈。

3. 制作各类食品。马铃薯营养丰富，科技含量高，产业链长，可以加工多种食品，大体有以下几类。

（1）冷冻食品类。把马铃薯洗净去皮，按需加工成各类食品，然后置于冰箱冷冻，用时取出土豆加热即可，如速冻薯条，速冻薯饼，马铃薯冰淇淋等。

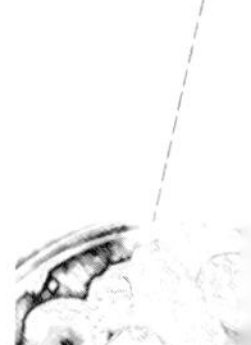

（2）油炸食品类。把马铃薯洗净去皮，按需要加工成片、条等，而后进行油炸，如油炸薯片、油炸虾薯片、马铃薯脆片，功能性马铃薯油炸儿童食品等。

（3）脱水食品类。把马铃薯洗净去皮，按需要加工成型，再进行烘干等热处理，如脱水马铃薯丁，脱皮马铃薯，多味香酥薯饼，片状脱水薯粉，脱水薯片等。

（4）膨化食品类。把马铃薯洗净去皮，按需要加工成型，再上膨化机进行生产，如膨化薯条、银耳酥、复合马铃薯膨化条、油炸膨化薯丸等。

(5) 罐头食品类。把马铃薯洗净去皮，按需要加工成型，装入罐头瓶（袋、罐），蒸熟密封，开盖即可食用，如盐水马铃薯罐头，马铃薯软罐头等。

(6) 快餐方便食品类。按食品种类及生产工艺进行生产，如马铃薯方便面，马铃薯颗粒粉，马铃薯老年营养粉等。

(7) 粉条（皮、丝）类。先把马铃薯加工成淀粉，再用淀粉生产粉条，马铃薯方便粉丝，粉皮等。

(8) 饼干、糕点类。用马铃薯粉生产饼干、桃酥、三明治、乐口酥、橘香薯条等。

(9) 饮料及酒类。按照相关技术和生产工艺生产饮料和酒类。如马铃薯酸奶、马铃薯白酒、马铃薯食醋等。

(10) 薯脯、果酱类。按照相关生产技术和工艺以马铃薯当原料生产薯脯和果酱，如马铃薯薯脯，马铃薯果酱，低糖奶式马铃薯果酱等。

总之，马铃薯加工食品种类多，产品多，适合不同层次、不同群体的需要，是典型的大众食品，深受消费者的欢迎。

（二）食用多少马铃薯

上面介绍了怎样食用马铃薯，也就是食用方法问题，那么，每人每天应该食用多少马铃薯呢？这要从马铃薯提供的主要营养成分、含量及世界卫生组织的推荐量综合分析加以确定。

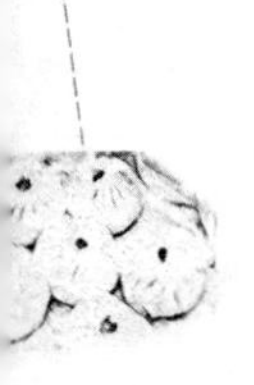

1. 从供给蛋白质的比例看。研究结果显示，一个中等大小的马铃薯（150 克），能分别满足 1～2 岁、2～3 岁和 3～5 岁儿童日需蛋白质的 18.0%、16.5%和 15.0%，能满足成年人日需蛋白质的 4.5%～9.0%。

2. 从供给能量的比例看。一个中等大小的马铃薯（150 克），能分别满足 1～2 岁、2～3 岁和 3～5 岁儿童日需能量的 10.5%、9.0% 和 7.5%，能满足成年人日需能量的 5.0%左右。

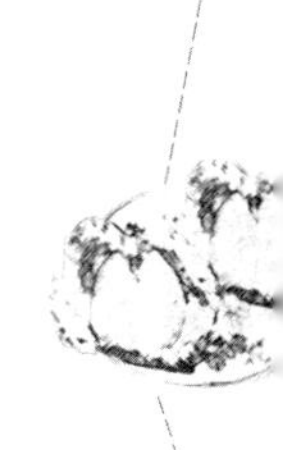

马铃薯一个突出的特点是，能同时满足蛋白质和能量的部分需求。

3. 从供给矿物质的比例看。一个中等大小的马铃薯（150 克左右），含钾 480 毫克，占人体需要量的 18%，能降低患高血压和中风的风险，每天吃一个马铃薯，可使中风风险下降 40%左右，效果很好。马铃薯含有 18 种矿物质，鲜薯 100 克含矿物质 1 000 毫克，提供铁、锌、镁、钙、磷、硒和碘等元素都占有一定的比例。

4. 从供给维生素 C 的比例看。一个中等大小的马铃薯（150 克左右）含维生素 45 毫克，能供给成年人日需维生素 C 的 45%。还含有 B 族维生素，也占日需 B 族维生素的一定比例。马铃薯有薯皮包裹着，薯块里的维生素在烹饪时不易流失，不易受到破坏。带皮蒸煮 40 分钟，其含的维生素 C 仍保留 90%左右，这是其他绿叶菜不能比的。

5. 从供给膳食纤维（粗纤维）**占的比例看。**一个中等大小的马铃薯（150 克左右）含膳食纤维 2 克左右，占人体日需要量的 8%左右，能有效预防结肠癌等疾病。

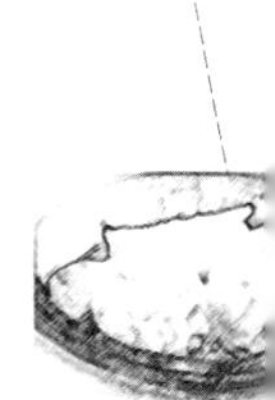

6. 从马铃薯“四吸收”的作用和功能看。马铃薯富含淀粉，它能吸收水分、脂肪、糖类和毒素，简称“四吸收”，“四吸收”能减少脂肪和糖类，润肠通便，排除毒素，有益健康。

美国马铃薯协会还介绍了更详细的数据，请见表23。

表23　148克马铃薯提供的营养含量及占日摄取量的比例

营养成分	含量及单位	占人均日摄取量的%
碳水化合物	26克	9.0
蛋白质	3克	—
糖	1克	—
膳食纤维	2克	8.0
钾	620毫克	18.0
钠	0	0
铁		6.0
磷		8.0
镁		6.0
钙		2.0
锌		2.0
维生素C		45.0
硫铵素		8.0
烟酸		8.0
叶酸		6.0
维生素B_6		10.0
核黄素		2.0
热量	460千焦	
脂肪	0	

注：每人每天摄取热量以8 368焦（2 000卡）为标准，计算时可根据个人情况适当增减。

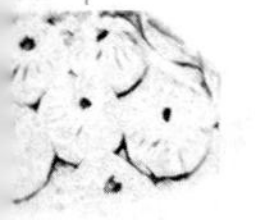

基于上述结果和分析，我们认为，每人每天食用一个中等大小的马铃薯（150克左右），就能满足蛋白质、碳水化合物、维生素（特别是维生素C）、矿物质（特别是钾）和

膳食纤维等基础营养物质不同程度的需要，这和美国科学家的研究结果，“每餐只吃全脂牛奶和马铃薯，便可得到人体所需要的一切食物元素”，基本是一致的。因此，每人每天食用马铃薯150克（3两）左右是合适的。当然，为了防治高血压、心脑血管疾病和肥胖症可适当多吃一些，每天食用1～3个。

（三）马铃薯与其他食物的搭配

如上所述，食用马铃薯方法多种多样，益处多多。但是，马铃薯体积大，是低能量密度食物，对成年人关系不大，而婴幼儿胃肠容积小，不能食用较多的马铃薯食物，故应与其他食物搭配，既吃得舒服不觉得过饱，又满足营养的需要。

1. 搭配原则。简单说是食物能量高低搭配，体积大小搭配，马铃薯能量低，要与能量高的食物如肉蛋奶搭配；马铃薯体积大，要与能量高体积小的食物搭配，如肉鱼蛋等，这样搭配可以优势互补，婴幼儿胃口容纳得下，舒服，又保证了营养的需要。

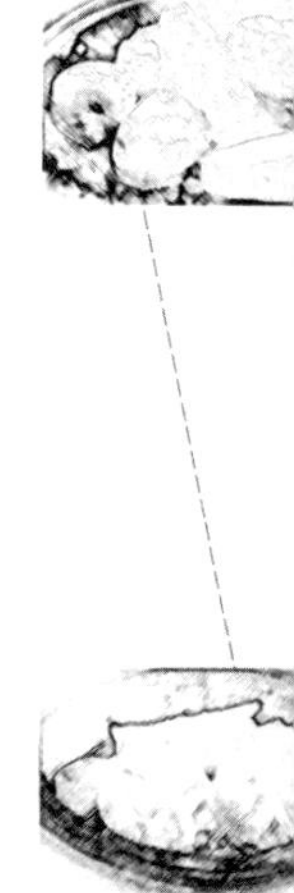

2. 搭配数量。经过计算，马铃薯300克，搭配鸡蛋25克；或马铃薯220克，全乳（干）20克；或马铃薯310克，鱼25克；或马铃薯300克，瘦鸡肉25克；或马铃薯300克，莱豆25克，这些组合都是科学合理的。如果每个膳食组合再加食用油5～10克，糖10～20克，其提供的能量为1464千焦，饮食蛋白质能量百分率为25.0，与燕麦饮食蛋白质能量百分率相等，是理想的膳食搭配组合，可根据自身情况进行选用。

（四）食用马铃薯应注意的问题

马铃薯经过烹饪加工变成熟食后，才能食用。在烹饪加工制作过程中，应注意以下几个问题。

1. 提高烹饪加工温度或延长时间，提高对马铃薯食品的消化率。马铃薯碳水化合物的主要成分是淀粉，且属于不好消化的食物淀粉。但是，随着烹饪加工温度的提高或时间的延长，对该淀粉的消化率也随之提高，一项实验结果显示，马铃薯生淀粉的消化率为32.8%左右。如果在70℃温水中煮20分钟达半生不熟时，其消化率达到48.0%左右。如果在该水温下再延长25～30分钟，其消化率达89.8%。如果蒸煮开锅（水温100℃）40分钟，其消化率则达100%，所以，食用的马铃薯一定要炖烂炒熟，以提高马铃薯食品的消化率和利用率。

2. 剔除萌芽薯块的芽及其周围的薯肉，确保食用安全。马铃薯含有茄碱（又称龙葵素，茄精），但含量较低，马铃薯100克含茄碱一般都在10毫克以下，再加刮皮、水泡等处理，茄碱含量就很低了，烹饪加工后食用，基本没有异味感觉，更谈不上中毒了。但是，马铃薯萌芽后，薯芽及其周围（直径1厘米左右）茄碱浓度大幅度提高，不但产生苦味，影响口感，而且还能引起中毒，因此，薯芽及其周围的薯肉应该剔除，不能食用，以保证安全。剔除薯芽及其周围

的薯肉后，剩余的其他薯肉仍可食用。茄碱含量的安全标准为100克鲜薯含10毫克以下，马铃薯的茄碱含量一般达不到这个水平，包括剔除薯芽及其周围薯肉的薯块，食用都是安全的，可放心地食用。

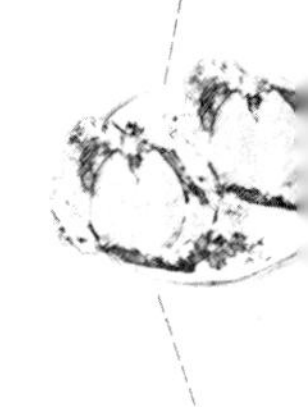

3. 防止薯肉变褐的方法。 马铃薯削皮、切片、切条等处理后暴露在空气中，薯肉很快就会由白色、黄色等变成褐色，这是酶变反应的结果。薯肉变褐虽然不影响食物的风味及质量，但影响食品颜色，使人感到不悦。其实，薯肉变褐是可以预防的，方法很简单，只要把削过皮和切成片（条）的薯片（条）立即浸泡在容器内的水里，并把薯片（条）淹没，与空气隔开，使其不能进行酶变反应，薯片（条）就不会变褐，仍保持其原有的白色或黄色等。用亚硫酸盐溶液浸泡薯片（条）防止变褐的效果更好，且晾干后可冷藏数日，仍不变褐，供烹饪及加工时使用，方便多了。

4. 讲究烹饪方法，减少营养流失。 烹饪和加工马铃薯食品的方法多种多样，但营养流失、损失的结果有很大的差异。减少流失的措施：一是减少操作次数，能一次操作完成的，就不进行第二次，操作次数愈多，其营养损失愈大；二是油炸、油煎比炖、炒营养损失大。因此要尽量少用油炸、油煎烹饪方式，高温油炸还会使淀粉产生有害的丙烯酰胺，故应尽量少用高温油炸方式，以保留营养，减少危害；三是减少水泡，把薯条（片）浸泡在水里，营养特别容易流失，切得愈细、愈薄，营养损失愈大。如果烹饪的食品允许，尽量带皮蒸煮，可有效防止营养流失、损失。

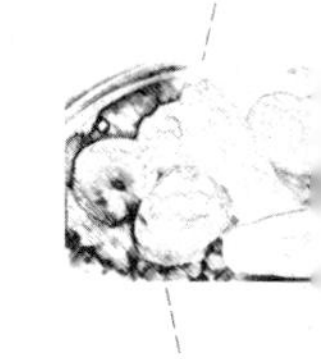

5. 提高烹饪和加工温度，破坏薯里的有害物质。 马铃

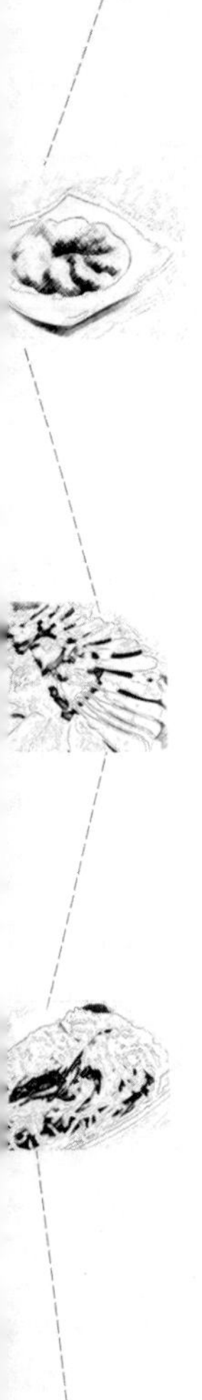

薯和菜豆类蔬菜一样，含有植物血球凝集等有害物质，能使人产生恶心、呕吐等不良反应。但这类物质怕高温，烹饪时温度高些或持续时间长些，如豆浆必须煮沸，菜豆必须炒熟，马铃薯要炖烂炒熟，植物血球凝集素等有害物质就会受到破坏，从而失去毒性，食用后就不会产生不良反应。所以，烹饪和加工马铃薯食品时，一定要炖烂炒熟，防止产生不良反应。

七、让马铃薯逐渐成为餐桌上的主食

自1600年间（明朝末）马铃薯传入中国后，由于它适应性广，产量高，生育期短（早熟品种），抗逆（耐旱、耐瘠）、抗灾性强，可粮、可菜、可饲、可药，深受广大群众的青睐和好评，故在各地迅速传播开来，经过400多年的生产发展，我国已成为世界上马铃薯生产大国，有关资料显示，2006年我国马铃薯播种面积达7 500万亩，总产量达7 500万吨，均占世界第一位。

上面说的是宏观情况，再看一下秋天起薯的场面，在马铃薯产区起薯时，随着起薯机或犁杖的前行，翻出地面的都是马铃薯，人们把薯块捡起来堆到一起，一堆一堆的，遍布田间；或装成一袋一袋的。运薯的车辆川流不息。运到车站堆在站台上，如城墙一样，非常壮观，而后装上马铃薯专列，发往全国各地，进行贮藏及上市，供广大消费者需求。

通过多年的生产及生活实践，人们对于马铃薯解决吃饭问题，特别是在受灾年份解决吃饱问题，有了比较深刻的认识，称它是“救命薯”，是“拯世之宝”。但对于马铃薯解决吃好、提高生活质量、提高健康水平，以及加工增值和赚钱问题，却认识不足，“不识马铃薯（土豆）真面目，只缘身在马铃薯中”。因此，有必要重新认识马铃薯，开发马铃薯，应用马铃薯，特别是食用马铃薯。

（一）提高对马铃薯营养特点及保健功能的认识，主动食用马铃薯

1. 马铃薯营养特点。马铃薯营养成分齐全，比例均衡，能同时满足人体蛋白质和能量的需要，并且矿物质、维生素和膳食纤维种类多，含量突出，现在归纳集中一下。

马铃薯是氨基酸库。马铃薯含氨基酸 18 种，其中有人体必需的氨基酸 8 种，动物必需的氨基酸 10 种。

马铃薯是优良的蛋白质源。马铃薯蛋白质质量可与鸡蛋相媲美，含量比大米饭高 0.1 个百分点。

马铃薯是“活维生素丸”。马铃薯含维生素 9 种，其中维生素 C 和维生素 B_1 等含量高于番茄等多数蔬菜的含量。

马铃薯是“天然的黄金搭档”。马铃薯含矿物质和微量元素 18 种，其中钾、磷、铁和锌的含量高于大多数蔬菜和日常食用的粮食。

马铃薯是人体肠道的“清道夫”。马铃薯膳食纤维含量比小米、大米、面粉的高 2～14 倍，通便、防病效果好。

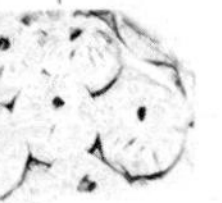

马铃薯是保持健康体重的最佳食物。马铃薯是低能量密度食物，其饮食蛋白质能量百分率为 25，与小麦的持平，

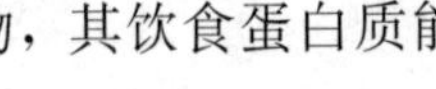

仅比人乳的34%低9个百分点。马铃薯吃些就饱，营养恰好，体重不超标。

马铃薯是祛病良药。马铃薯含有多种生物碱，自古以来就用它治病，一直沿用至今，效果神奇。

马铃薯的营养及保健功能，远高于被誉为“天下第一黄金主食的玉米”和“健脑食物小米”……

上面介绍的是马铃薯某一营养成分的特点，而作为全能营养的马铃薯整体上还有一些特点，概括起来是“十性”。一是营养成分的全面性，马铃薯含有水、蛋白质、碳水化合物、脂肪、矿物物质、维生素和膳食纤维七种基本的营养素，以及近年来引起人们关注的花青素等。二是营养成分含量比例的均衡性。马铃薯蛋白质与能量比例均衡，食用马铃薯能同时满足人体对蛋白质和能量的需要，这是不多见的食物。三是营养含量的充裕性。马铃薯维生素C、维生素B_1、钾、磷、镁和膳食纤维的含量都十分突出。四是营养质量的优异性。马铃薯含有游离态氨基酸，能100%的被人体吸收利用。马铃薯蛋白质与动物蛋白质近似，利于人体吸收利用。还可与鸡蛋媲美，可见其营养价值非同小可。五是营养成分的特殊性，与其他粮食等食物相同的营养成分，马铃薯的确有特殊性，如薯肉质地柔软细腻，适合婴幼儿嫩的消化器官，马铃薯的含糖量水平高低可人为的进行调控（通过温度），调整甜度。六是营养成分的有效性。同是一种营养成分，但马铃薯的有效性高，利于人体吸收利用，如小麦与马铃薯都含有磷，但小麦含的是植酸磷，利用率低；而马铃薯含的是磷酸磷，利用率高，两者的利用率大不一样。七是低

热量性。马铃薯因是低能量密度和低脂肪（含量在0.1%左右）食物，故含的热量低。八是马铃薯为碱性，可中和大米、面粉、鱼和其他动物等酸性食品，有利于体内酸碱平衡，有利于人体健康。九是食药同源性。马铃薯既是食物，又是药物；既提供营养，又预防及治疗一些疾病，食药同源，难能可贵。十是食用的多样性。马铃薯亦粮、亦菜、亦果、亦药，样样出色。

2. 对马铃薯营养价值的综合评价。余松烈教授指出，马铃薯块茎中含有8%～29%的淀粉及对人类极为重要的物质蛋白质、糖类、矿物质盐类和B族维生素、维生素C；除脂肪含量较少外，蛋白质、碳水化合物、铁和维生素含量均显著高于小麦、水稻和玉米，营养十分丰富。

赖凤香研究员指出，马铃薯块茎含有丰富的淀粉和适量的蛋白质、糖类、矿物质盐类及维生素C等，有较高的营养价值。

马铃薯专家屈冬玉博士和谢开云博士指出，马铃薯蛋白质与动物蛋白质相似，可消化成分高，易被人体吸收。马铃薯是典型的低脂肪食品。马铃薯有特殊营养与药用价值，是功能神奇的药用食品。马铃薯是优质的婴儿食品、癌症患者的健康食品、抗衰老食品和美体食品。

范志红副教授认为，把土豆当主食，它比白米饭强。土豆含钾元素，钾的含量堪比香蕉；维生素也比较丰富，能与番茄相媲美；富含国人所缺的B族维生素，且B族维生素含量比大米高；其中还有些膳食纤维和多酚类物质，有利于控制体重增长，预防糖尿病等慢性疾病。

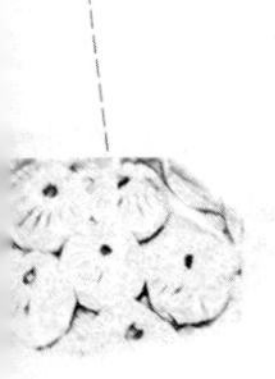

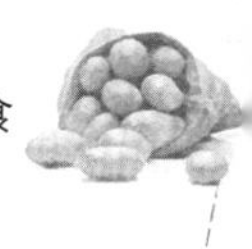

美国农业部专家指出，每餐只吃全脂牛奶和马铃薯，就能满足人体所需的一切营养元素。

德国专家指出，马铃薯为低热量、高蛋白、多种维生素和矿物质元素食品。每天食进 150 克马铃薯，可摄入人体所需的 20%维生素 C、25%的钾和 15%的镁，而不必担心人的体重会增加。

国内众多营养专家评审后一致认为，“马铃薯是十大热门营养健康食品之一”，“马铃薯是 21 世纪健康食品”。

（二）马铃薯的消费情况及分析

1. 马铃薯的消费情况。近年来，随着马铃薯生产的发展，种植面积的扩大，产量的提高，人均马铃薯消费量也呈上升趋势，由前些年的人均年消费马铃薯 11.7 千克，上升到 40 千克左右，其中在一些边远地区人均年消费量达 100 千克以上，但与一些马铃薯食用大国相比（如白俄罗斯年人均消费达 175 千克，乌克兰 140 千克，俄罗斯 125 千克，英国 125 千克，荷兰 85 千克，法国 60 千克，美国 60 千克），我国的人均消费量还是比较低的。

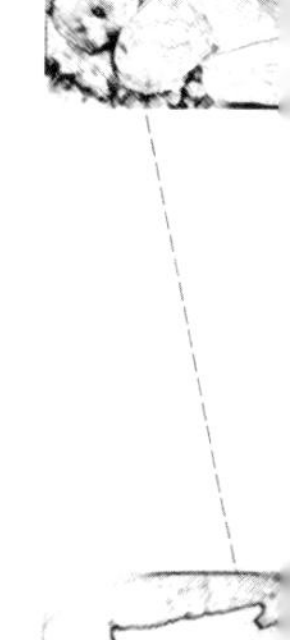

2. 我国人均消费量偏低原因的分析。近年来，我国人均消费马铃薯量有所增加，但与一些发达国家相比，消费水平还是偏低的，造成这一格局的原因，一是对马铃薯营养成分、特点和保健祛病功能知之不多，认识不深，甚至还停留在“只能塞饱肚子”、“没有营养”的误区里，更谈不上马铃薯营养成分齐全，比例均衡、功能独特的保健、祛病、减肥

和美容功能了。二是食用方法单一。我国90%以上的马铃薯是作菜肴，基本是鲜贮、鲜运、鲜销和鲜食，作主食的不多，甚至认为马铃薯只能作菜，不能作饭（主食），更谈不上快餐食品和休闲食品了。三是马铃薯加工食品发展缓慢，满足不了不同群体、不同层次、不同饮食习惯、不同要求的广大消费者的需求。四是缺乏马铃薯食品制作技术的改进和创新，许多地方特别是马铃薯主产区，仍然停留在“烀山药”，加工粗粉条的层面上。麦当劳、肯德基等洋快餐进入我国后，销售炸薯片、烤薯条的火爆局面，给国人上了生动的一课，马铃薯食品只有上档次，上水平，出新产品，出新花样，才能吸引人们消费。

（三）科学合理的食用马铃薯

马铃薯营养丰富，作用突出，效果明显，但也要科学合理的食用，即解决好每天食用多少马铃薯，怎样食用马铃薯，以及在烹饪、加工中减少营养损失，最大限度保留营养含量等问题，下面分别进行介绍。

1. 食用多少马铃薯。有关科学研究和生活实践结果显示，每人每天食用1个中等大小的马铃薯（150克左右），就能满足多种营养成分的需要，现把美国马铃薯协会的研究成果归纳成表24。

表24的结果显示，马铃薯营养有4个特点，一是低热量，不含脂肪。二是有优质膳食纤维。三是有优质钾源。四是富含维生素C。

表 24　148 克马铃薯提供的营养含量

营养成分	含量及单位	占每日摄取量的%
碳水化合物	26 克	9
蛋白质	3 克	
糖	1 克	
膳食纤维	2 克	8
钾	620 毫克	18
钠	0 毫克	0
铁		6
磷		8
镁		6
钙		2
锌		2
维生素 C		45
硫铵素		8
烟酸		8
叶酸		6
维生素 B_6		10
核黄素		2
热量	460 千焦，其中来自脂肪的为 0 焦	
脂肪总量	0 克	0
其中饱和脂肪	0 克	0
胆固醇	0 毫克	0

注：每人每天摄取热量以 8 368 焦为标准，计算时可根据个人情况适当增减。

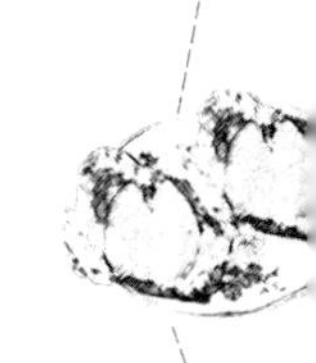

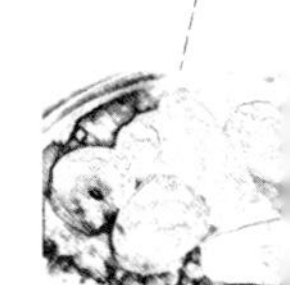

基于上述结果及特点，每人每天食用 1 个中等大小的马铃薯（148 克）即可；如辅助治疗心脑血管疾病等疾病。可适当增加食用量，根据身体状况及病情每天可食用 1～3 个马铃薯（中等大小）。要坚持天天食用，必见成效。

2. 怎样食用马铃薯。马铃薯可粮、可菜、可果、可药，样样出色。

马铃薯可作多种多样的主食、菜肴、休闲食品和快餐，

据《中国人如何吃马铃薯》一书介绍，马铃薯食谱中有207种食物，素食马铃薯食谱中有145种食品，穆斯林马铃薯食谱中有218种食品。按我国地域分，东北地区马铃薯食谱中有26种食品，华北地区有108种食品，西北地区有60种食品，西南地区有90种食品，其他地区26种食品，总数达305种（不同地区有重叠）。可见，马铃薯吃法多种多样，精彩纷呈。

3. 烹饪和加工制作马铃薯食品要最大限度保留其营养。如上所述，马铃薯食用方法多种多样，烹饪加工方法也大不相同，操作程序也有多有少，总的原则和要求是简化操作程序，能一次操作完成的不搞两次；二是能带皮烹饪加工的，就先不要削皮，蒸、煮、烀、烤后再剥皮。三是确需先削皮再烹饪、加工的食品，可改削皮为刮皮，尽量减少营养损失。四是能切块的不切条，能切条的不切丝，尽量减少薯块（条）与水的接触面，减少营养流失。五是在烹饪方法上，即蒸（煮、烀、烤）、炒、煎、炸、炖、焯、磨等具体操作上，宜选择快速、简单、适于一次完成的，最大限度减少营养损失，保留营养含量。

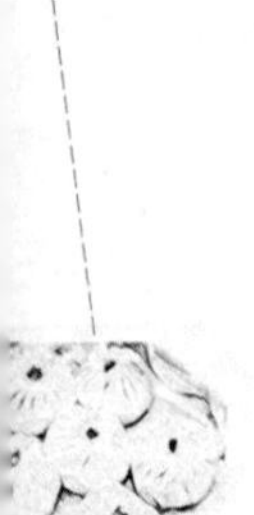

4. 改进削薯皮习惯，减少营养损失。前面已经介绍过，马铃薯薯皮不但含有丰富的营养成分，而且还能保护薯肉汁液中的营养不外流，在水中不浸析流失。因此，在烹饪、加工制作马铃薯食品时，应尽量不削皮或少削皮或刮皮，以减少营养损失。能在烹饪后剥皮的，尽量在烹饪后食用前剥皮，如以蒸煮的马铃薯作主食，蒸煮熟后再去皮，一撕就掉，干净彻底，还最大限度地保留了营养。

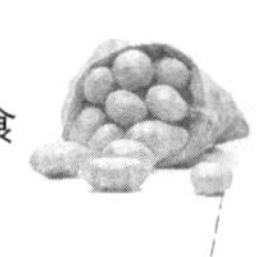

（四）普及马铃薯营养及保健功能，坚持食用马铃薯

1. 提高认识，主动食用。马铃薯营养丰富，比例均衡，有保健、祛病、保持健康体重和美容等多种功能和作用。因此，应大力宣传普及马铃薯的营养知识及功能特点，从多年来认为马铃薯只能“塞饱肚子”、“没有营养”的误区中走出来，认识到马铃薯是“蛋白质库”，是“活的维生素丸”，是“天然的黄金搭档”，是“肠道的清道夫”，是“保持健康体重的最佳食品”，是“抗衰老食品”，广大消费者就会主动食用马铃薯。范志红副教授指出，要发挥土豆的营养作用，最好的办法就是当成主食吃，特别是要实现目前马铃薯由副食消费向主食消费的转变。

2. 均衡上市，保障食用。我国马铃薯向主粮化发展，逐渐成为餐桌上的主食。我国是马铃薯生产大国，产马铃薯很多，且时间集中，因此必须做好马铃薯鲜贮、鲜运、鲜销和均衡上市，以使各地的消费者都能随时买到马铃薯，保障食用。

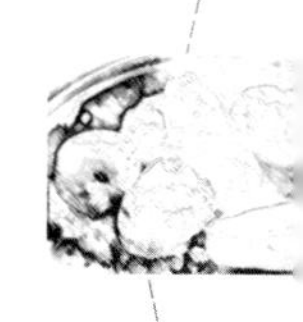

3. 搞好产品加工，方便食用。马铃薯产业链长，科技含量高，产品种类和品种多，特别是快餐食品，休闲食品，如马铃薯片、马铃薯条十分受欢迎，但目前大城市较多，中小城市较少。因此，应搞好马铃薯食品加工布局，搞好运输、销售，除了各户各家鲜食外，还能随时随地买到马铃薯食品，方便广大消费者食用。

4. 物美价廉，吸引食用。我国生产马铃薯总量的 90%

以上是作菜肴，基本是鲜贮、鲜运、鲜销和鲜食。由于产量大，贮存好，运输方便，比其他蔬菜易运输和贮存，价格波动不大，基本都在消费者可接受的范围之内，可以说马铃薯是物美价廉，能吸引广大消费者食用，至于档次较高、价格稍贵的马铃薯薯片、马铃薯薯条等，只在儿童、部分白领群体中畅销，吸引力更大。

5. 搞好示范，促进食用。坚持政府引导与市场决定相结合，坚持整体推进与重点突破相统一。国外的洋快餐肯德基、麦当劳连锁店进入中国市场后，使马铃薯身价倍增。尽管薯条、薯片价格较贵，但人们的消费热情有增无减，无形中给马铃薯消费起到了示范作用，一是解放了人们的思想，马铃薯食品也能登大雅之堂，能受到消费者的高度赞誉和欢迎。二是马铃薯也能赚大钱。我国马铃薯大路货不能炸薯条和薯片，需要从国外进口专用品种，从而促进了我国马铃薯品种更新，进而增产增值。三是带动厂家、商家生产经营马铃薯食品，特别是中、高档食品，从而促进了马铃薯的食用。

目前，国外洋快餐经营马铃薯食品的快餐店，多集中在大、中城市，应进一步延伸扩展，让老百姓眼见为实，甚至到快餐店里一饱口福，起到示范辐射作用，有力地促进马铃薯的消费。

此外，我国已进入老龄化社会，老年人口呈剧增态势，他们的健康受到多方关注，吃保健品的人很多。但是，保健品价格昂贵，多数人承受不了，从某种意义上讲，马铃薯就是大众保健食品，都能吃得起，买得到，只要坚持食用，必见成效。

八、讲究烹饪技术，尽量减少其营养损失

马铃薯亦粮、亦菜、亦果、亦药，样样出色，但马铃薯须烹饪制作成熟食，才能食用。烹饪方法不但包括煮、蒸、焖、炖、烙、炒、炸、煎、烤等，而且还包括保藏和加工前处理等。在马铃薯的加工前处理及烹饪过程中，由于认识不清、操作不当，极易造成营养物质的破坏及流失。因此，应了解这方面的知识，尽量保留食物营养。

（一）马铃薯薯皮的营养及不同削皮方法的影响

薯皮不仅能防止汁液流失，防御病菌侵袭，而且本身营养也十分丰富。

1. 薯皮营养成分含量。研究结果显示，鲜（生）薯薯皮各种营养成分含量占薯块重量的比例是：干物质 4.7%，总氮 8.3%，膳食纤维 34.3%，矿物质 15.9%，维生素 C

5.0%，维生素 $B_1$1.7%，维生素 $B_2$9.4%，维生素 $B_6$5.6%，烟酸 4.1%，叶酸 8.0%，总的看薯皮营养成分多，占的比例大。一层薯皮就含这么多营养，应该引起重视。

2. 不同削（刮）薯皮方法损失量有较大差异。烹饪制作马铃薯熟食，一般都要削（刮）皮，不同削皮方法，削去的薯皮薯肉数量不一，一般刮薯皮失重占薯重 5%左右，而削薯皮失重占 20%～40%。显然削皮比刮皮损失量大；既使用同一种削皮方法，因马铃薯品种不同，薯的形状不同，芽眼深浅不一，削去的数量也有差异。研究结果显示，削薯皮均匀一致达 1.5 毫米深，小薯（50 克）失重占薯重的 20%左右；大薯（300 克）失重占薯重的 10%左右。结果是：削薯皮失重占薯重的比例随着薯块的增大而减少，因削掉的薯皮薯肉基本是弃之不用，都浪费了，一个小薯因削皮浪费 1/5，累积起来数量惊人。

（二）不同烹饪方法对其营养含量的影响

烹饪制作马铃薯熟食的种类及方法很多，大体可归纳为蒸煮类、炒菜、拌菜、炖菜类、烘烤、油炸类，不同类别烹饪方法其营养含量损失多少不一，甚至有较大的差异。

1. 蒸煮马铃薯对营养含量的影响。带薯皮蒸煮熟马铃薯后食用，是人们常用的一种烹饪方法，特别是以马铃薯为主食的地方，或吃个新鲜时，常用此法。

(1) 带薯皮蒸煮马铃薯营养保留多。带薯皮蒸煮马铃薯，薯皮能有效阻止薯肉汁液中营养流失，薯重略有降低，仅比原重减少 1%～2%，营养含量损失不大。薯皮里营养含量会有不同程度的降低，失重情况见表 25。

表 25 蒸煮对马铃薯薯皮营养的影响

项目	占薯块营养成分含量的%									
	干物质	总氮	膳食纤维	矿物质	维生素 C	维生素 B_1	维生素 B_2	维生素 B_6	烟酸	叶酸
鲜薯薯皮重量	4.7	8.3	34.3	15.9	5.0	1.7	9.4	5.6	4.1	8.0
蒸熟薯薯皮重量	1.9	2.9	19.9	3.3	1.1	0.6	2.9	1.7	1.8	1.6
鲜薯薯皮比熟薯薯皮增减百分点	−2.8	−5.4	−19.4	−12.6	−3.9	−1.1	−6.5	−3.9	−2.3	−6.4

表 25 结果显示，马铃薯蒸熟后，薯皮营养成分含量占整个薯同一营养成分含量的比例均有不同程度的下降，降幅在 1.1～19.4 个百分点之间，这属于生食变熟食正常的重量下降。

(2) 削皮先后对蒸煮马铃薯营养含量的影响。带皮蒸煮熟的马铃薯薯皮一撕就掉，且不带薯肉，薯皮只占薯重的 2%，损失很小；而削皮后再蒸煮熟，因削薯皮时带薯肉，且有汁液流失，薯重减少 20%～40%，维生素 C 减少 10%～45%。而维生素 B_1 主要分布在薯块中心的组织里，所以削薯皮对其含量影响不大。

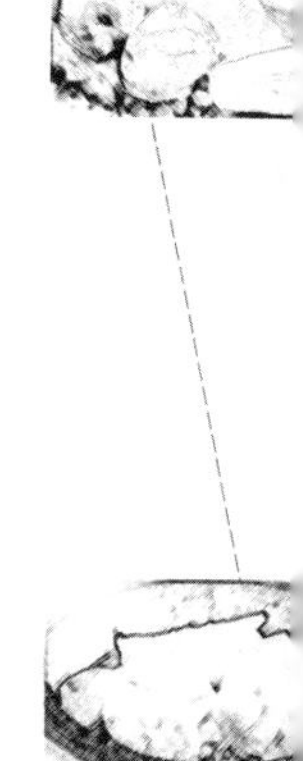

马铃薯蒸煮熟后再剥薯皮，比削皮后再蒸煮，营养含量保留的多，故提倡蒸煮后再剥薯片，减少浪费。

2. 炒菜、拌菜和炖菜类烹饪方法对其营养含量的影响。 这几类菜肴烹饪前都必须削去薯皮，这样，薯肉与水接触面积大，碳水化合物溶解、流失增多，损失加大，各种营养成分含量损失不一。

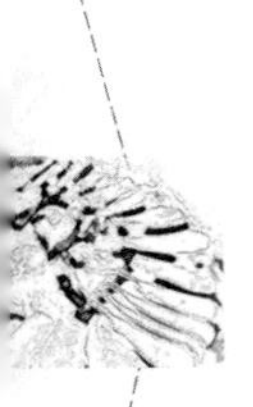

（1）重量。马铃薯削皮后蒸煮，薯块固态物重量一般减少 9%，水分含量提高 2%（主要是没有薯皮的保护，碳水化合物流失及吸收水分所致）。比带皮蒸煮（失重 1%～2%）失重要大得多。

如果把薯块切成两半或 4 半进行蒸煮，把削皮与未削皮的营养含量相比较，两者的差异就很小了，因为切成两半或 4 半后，薯块大部分没有薯皮保护，结果养分流失了，总的看，薯块切的块数、条数愈多，重量减少愈多。

（2）增高烹饪温度，提高烹饪食物的消化率。马铃薯碳水化合物主要成分是淀粉，该淀粉是属于不好消化的食物淀粉，但提高烹饪温度及延长加热时间，能提高对它的消化率，详见图 3。

图 3 结果显示，马铃薯淀粉在 70℃水中煮 20 分钟，食用后不能完全消化，当加热延长到 25～30 分钟，食用后基本可以全部消化。

（3）总氮。马铃薯削皮后蒸煮总氮含量损失 6.5%（带皮蒸煮损失 0.8%），削皮后切成两半或 4 半后蒸煮总氮含量损失 10%以上（带皮切成两半或 4 半蒸煮损失 4%以上）。可见，削皮后蒸煮总氮易流失，故损失大。

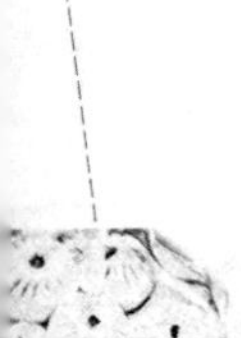

研究结果还表明，马铃薯新薯带皮蒸煮，总氮含量损失 26%，非蛋白态氮含量损失 31%；而马铃薯陈薯带皮蒸煮，

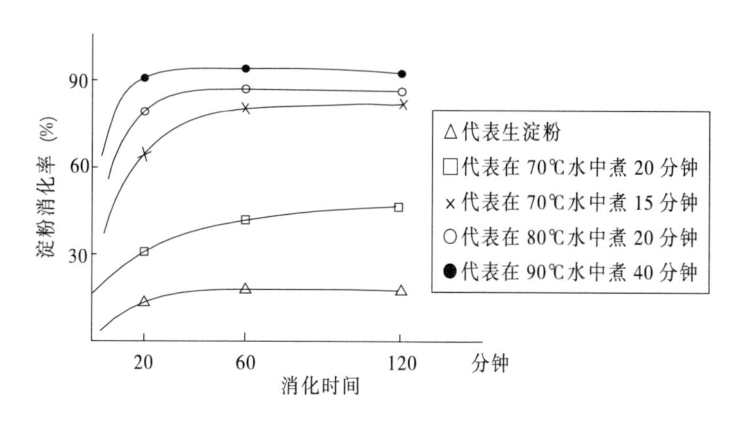

图3 烹饪温度和时间对马铃薯淀粉消化率的影响

总氮含量损失8%，非蛋白态氮含量损失13%，说明马铃薯受热后，新薯氮化物比陈薯氮化物损失的要大得多。

马铃薯切成两半煮沸30分钟，其蛋白质含量损失50%。赖氨酸含量减少11%。

（4）膳食纤维。从整体看，马铃薯蒸煮30分钟后，其膳食纤维含量略有减少或基本未变。

（5）维生素。马铃薯烹饪后，其维生素含量有较大的变化，削去薯皮的薯块，其含量减少的更多，详见图4。

图4结果显示，马铃薯烹饪后各维生素含量都有损失，一是削皮的比带皮的损失大，二是不同种类维生素损失量有较大的差异，下面分别进行介绍。

①维生素C。马铃薯带皮蒸煮后维生素C保留量平均在84%左右，损失量最少，仅损失16%左右；而削皮的马铃薯蒸煮后维生素C保留量为62%。比带皮蒸煮的维生素C含量降低了22个百分点。说明薯皮保护维生素C含量的效

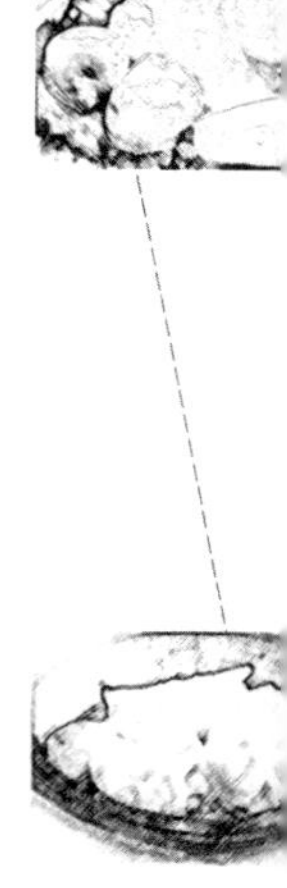

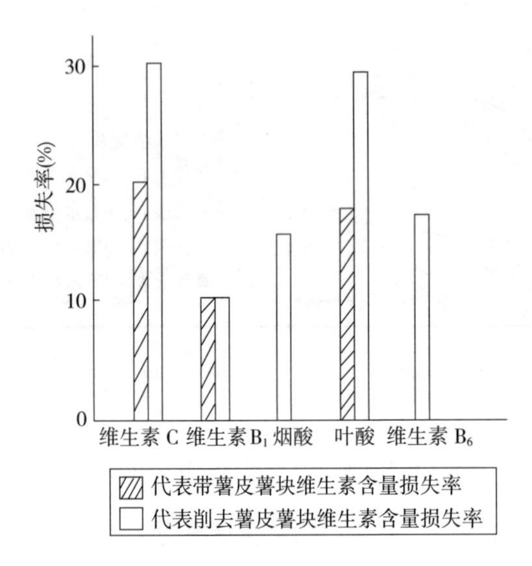

图 4 马铃薯烹饪后维生素含量损失率

果还是很好的。

②B 族维生素。马铃薯带皮蒸煮后维生素 B_1 含量保留 88%，削皮后蒸煮维生素 B_1 含量保留损失也不大，因为它主要分布在薯块中心部分，故削去薯皮蒸煮对它影响也不大。

维生素 B_2。马铃薯带皮蒸煮后维生素 B_2 含量保留 87%，而削皮后蒸煮维生素 B_2 含量保留保留 75%，仅相差 12 个百分点。

维生素 B_6。马铃薯带皮及削皮后蒸煮维生素 B_6 含量差异不大，削皮后蒸煮的维生素 B_6 含量稍有下降，是薯皮中维生素 B_6 损失的结果。

③烟酸。马铃薯带皮和削皮后蒸煮，其烟酸保留量分别

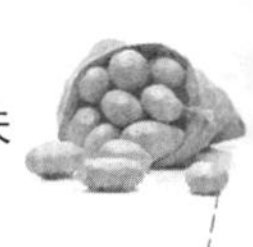

为 75%和 65%，两者仅相差 10 个百分点。

④影响维生素含量变化的因素。影响维生素含量降低的因素较多，现归纳成表 26。

表 26　几种因素对维生素稳定性的影响

维生素种类	pH	酸	碱	空气	光	热
维生素 C	U	S	U	U	U	U
维生素 B_1	U	S	U	U	S	U
维生素 B_2	S	S	U	S	U	U
维生素 B_6	S	S	S	S	U	U
烟酸	S	S	S	S	S	S
叶酸	U	U	S	U	U	U

注：U 代表不稳定；S 代表稳定。

表 26 结果显示，维生素 C 只在酸性条件下稳定，在碱性等其他 5 种条件下均不稳定，易造成损失。叶酸只在碱性条件下稳定，在酸性等其他 5 种条件下均不稳定，易造成损失。其他 4 种维生素对 6 种因素反应也不一致。因此，应根据不同维生素种类对环境条件的反应情况，选择适宜的条件进行妥善保存，把它的损失降到最低程度。

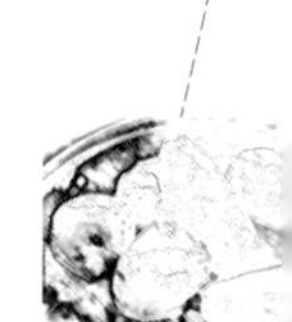

（6）矿物质。马铃薯带皮蒸煮后矿物质含量基本未变，主要是薯皮保护的结果；而削皮蒸煮的马铃薯，矿物质含量减少了 18%，其中钙、锰、钾、铜和磷的含量都有所减少。有的报道称，钠、锰、磷和铁的含量减少了 10%～15%。

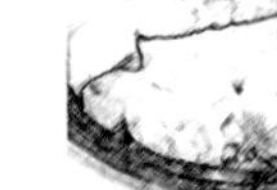

（7）防止酶变反应使薯肉不变褐的措施。马铃薯削去薯皮或切成块、条后，在空气中放置一会，其薯肉迅速变成褐

色，这是在酶的作用下，氨基酸发生反应形成的，一些消费者对薯肉变成褐色感到不悦。其实，薯肉变褐是可以预防的。

最简单的预防措施是：马铃薯削皮或切块、条后，立即进行烹饪，减少暴露在空气中的时间；如削皮或切块、条后，不能马上进行烹饪，要立即浸泡在水里，薯肉就不会变成褐色。为保证烹饪食物的颜色、风味和质量，可据此调整削薯皮及切薯的时间，处理后立即进行烹饪，或浸泡在水里后烹饪时再取出，立即放入炒锅处理。

3. 烘烤、油炸对马铃薯营养含量的影响。蒸煮马铃薯操作简单，一个步骤即可完成，故营养损失相对较少；而有些食品，如制作汤团，要经过几个步骤，如磨粉、蒸煮等，故营养损失就多一些。总的看，制作的食品步骤愈多，愈复杂，其营养损失愈大；反之，损失就少。

（1）总氮（氮化物）。在油炸马铃薯食品过程中，碳水化合物与氨基酸进行反应，结果游离态氨基酸损失7%，结合态氨基酸损失5%，而总氮含量与鲜薯总氮含量基本持平，差异不大。

马铃薯烘烤后，薯块皮层总氮含量减少5%～18%，其中氨基酸含量减少5%；而髓部总氮含量提高3%～20%，其中非蛋白态氮含量提高9%～28%，氨基酸含量提高13%。因为烘烤高温破坏了薯块的膜状物，蛋白质分解成氨基酸，特别是游离态氨基酸，并从外部转移到内部，故薯块外层的总氮含量减少了，髓部的总氮含量增加了。

马铃薯烘烤后再油炸，皮层的总氮损失29%～43%，其中非蛋白态氮损失20%～35%，氨基酸损失达4.5%，其中赖氨酸损失最多。

（2）膳食纤维。马铃薯鲜薯烘烤后，膳食纤维含量基本未变。马铃薯干薯烘烤或油炸后，膳食纤维含量也基本未变。因为马铃薯烘烤或油炸后失去部分水分，导致膳食纤维含量相对提高，故基本未变，就是这个道理。

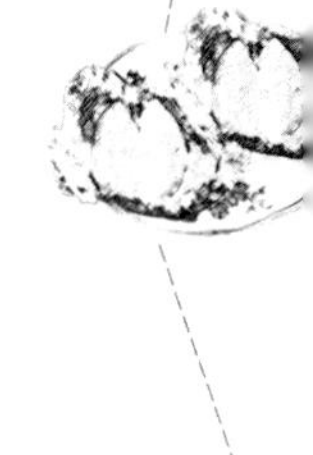

（3）维生素。烘烤、油炸马铃薯对维生素含量影响较大，不同维生素种类有较大的差异，现归纳整理成表27。

表27 烹饪马铃薯食品对维生素含量的影响

烹饪马铃薯食品名称	占维生素损失量的%				
	维生素C	维生素B_1	维生素B_6	烟酸	叶酸
带皮煮熟的薯块	20	20	0	0	20
削皮煮熟的薯块	20～50	0～40	15～20	0～30	10～40
烘炉烤熟的薯块	25	15	10	5	30
油炸的鲜薯块	30～50	10	—	5	20
削皮后煮熟再油炸	40	40	—	40	—
薯泥	30～80	—	—	—	—
褐色的薯丝	45～70	—	—	—	—
色拉	65	—	—	—	—
汤团	85	—	—	—	—
削皮后亚硫酸液浸泡再煮熟	30	—	—	—	—
削皮后亚硫酸液浸泡再油炸	—	45	—	—	—
油炸薯条	25～30	20～40	25	35	25
油炸薯片	50	>90	40	50	40
薯粒	55	>90	20	50	20
马铃薯罐头	10～70	50	30	30	30

表27结果显示，由于马铃薯食品烹饪方法不同，各种维生素含量损失多少也有较大的差异，结合有关资料，综述如下。

①维生素C。马铃薯削皮、切片后，分别在水里浸泡1天、2天和3天，维生素C含量依次减少8%、13%和28%。带皮煮熟的薯块在冰箱里存放1天，维生素C含量由刚煮熟的每100克薯含12.5毫克，下降到每100克薯含8.3毫克，维生素C含量仅是初始量的55%，损失量接近一半。在冰箱冷藏室继续存放至2天，维生素C含量降到每100克薯含7.5毫克，为初始量的50%。

用贮藏的马铃薯制成色拉，维生素C含量每100克薯只有5.3毫克，为初始的35%。用薯块制成汤团，维生素C含量只有初始的14%，大部分都损失了。

用传统烤炉烤熟的薯块，维生素C含量损失50%～56%，这是高温破坏造成的。

用油炸熟的薯条、薯片，维生素C含量损失50%～59%。一部分是炸前水洗损失的，一部分是油炸高温破坏损失的。

马铃薯分别在切条、切片后用水冲洗，其维生素C含量分别损失26%和45%。

②B族维生素。维生素B_1对热稳定，马铃薯烘烤后维生素B_1含量损失较少，保留量高达86%。马铃薯油炸后维生素B_1含量基本未变。马铃薯削皮、切块后油炸，维生素B_1含量仅保留40%。而削皮后在水里浸泡一段时间后，维生素B_1含量大量减少。薯块切碎后在水中浸泡16小时，维

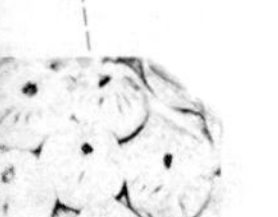

生素 B_1 含量损失 40%，接着再进行油炸，又损失 10%，水泡损失量很大。

维生素 B_2 不怕空气氧化，削皮、切薯块后放置一段时间后，其维生素 B_2 含量基本不受影响。薯块烤熟后维生素 B_2 含量保留 77%；而油炸后保留 20%。薯块削皮、切块和煮沸后，维生素 B_2 含量保留 35%～45%，损失一半以上。

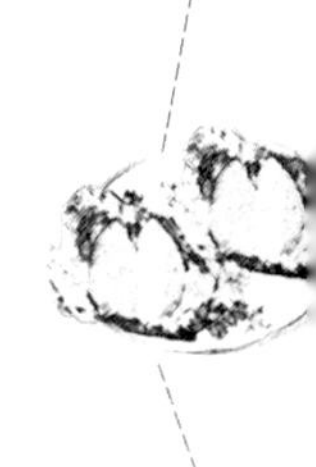

维生素 B_6。它对热也比较稳定，烤熟的薯块维生素 B_6 保留量平均为 91%，损失有限。

③烟酸。烟酸对热稳定，薯块削皮、切块、煮熟后再进行油炸，其烟酸含量减少 61%，但其中只有 9%是油炸损失的，绝大部分是水煮过程中浸析流失到水里造成的。烤熟薯块烟酸含量保留 93%，仅损失一小点。

④叶酸。叶酸易受热破坏及水浸流失的影响。薯块烤熟后叶酸含量保留 71%。

用微波炉加工马铃薯熟食，维生素保留量如下，维生素 C 为 73%，维生素 B_1 为 95%，维生素 B_2 为 87%，维生素 B_6 为 96%，叶酸为 88%，除维生素 C 损失较多外，其他几种均损失不太多。

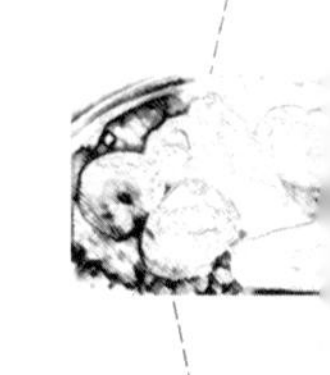

（4）矿物质。薯块带皮蒸煮、切条和烘烤等处理后，矿物质含量基本不受影响，如钠、钾、钙、镁、磷、铁、锌、碘、硼、锰、钼和硒的含量基本未变。

马铃薯烘烤后矿物质含量基本未变，但在薯块里的分布有了变化。在皮层组织里钾、磷和铁的含量分别减少了 10%～13%、4%～12%和 19%～31%；而在髓部却分别增加了 14%～23%、2%～9%和 2%～8%。说明在烘烤过程

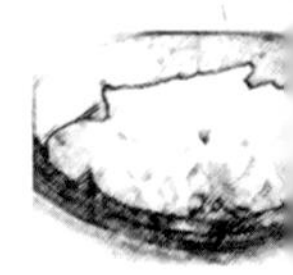

中，部分矿物质从皮层转移到髓部去了。

油炸马铃薯食品，其钙、镁和磷的含量基本未变，而在汤团中却有不同程度的减少，其保留量钙为63%，磷24%，镁24%，损失较多，主要是在磨碎、水洗过程中流失的。

烘烤马铃薯使薯皮营养含量有不同程度的增加，详见表28。

表 28　烘烤对马铃薯薯皮营养含量的影响

项目	占薯块营养成分含量的%									
	干物质	总氮	膳食纤维	矿物质	维生素C	维生素B_1	维生素B_2	维生素B_6	烟酸	叶酸
生薯薯皮重量	4.7	8.3	34.3	15.9	5.0	1.7	9.4	5.6	4.1	8.0
烘烤薯薯皮重量	17.7	17.6	37.3	17.0	10.5	7.8	28.6	15.6	15.0	15.2
烘烤薯薯皮比生薯薯皮增加百分点	13.0	9.3	3.0	1.1	5.5	6.1	18.2	10.0	10.9	7.2

表28结果显示，马铃薯烘烤后薯皮营养成分含量均有不同程度的提高，比生薯薯皮营养含量占薯块营养成分比例提高1.1～18.2个百分点，这与烘烤后薯块含水量减少，营养成分含量相对提高有很大关系。

（三）几种马铃薯加工食品的营养含量

因为制作马铃薯食物品种不同，烹饪方法不同，其营养含量损失多少不同，所以终端产品的营养含量也有较大的差异。现把常食用的几种食品营养含量整理归纳成表29。

表 29　几种马铃薯食品每 100 克的营养成分含量

项目	能量（焦）	水分（%）	粗蛋白（克）	脂肪（克）	膳食纤维（克）	矿物质（克）	钙（毫克）	磷（毫克）	铁（毫克）	维生素 C（毫克）	维生素 B_1（毫克）	维生素 B_2（毫克）	维生素 B_6（毫克）	叶酸（毫克）	烟酸（毫克）	碳水化合物（克）
马铃薯鲜薯（生薯）	335	78.0	2.1	0.1	1.7	1.0	9.0	50	0.8	20.0	0.10	0.04	0.25	14	1.5	18.5
带皮煮熟的薯块	318	79.8	2.1	0.1	0.5	0.9	7.0	53	0.6	12～16	0.09	0.03	—	—	1.5	18.5
削皮煮熟的薯块	301	81.4	1.7	0.1	1.6	0.7	6.0	38	0.5	4～14	0.08	0.03	0.18	10	1.2	16.8
带皮烤熟的薯块	414	73.3	2.5	0.1	1.9	1.2	10.0	60	0.8	12～16	0.10	0.04	0.18	10	1.8	22.9
削皮油煎的薯块	657	64.3	2.8	4.8	2.7	—	10.0	53	0.7	5～16	0.10	0.04	0.18	7	1.9	27.3
油炸薯条	1 165	55.9	4.1	12.1	3.3	1.8	15.0	92	1.1	5～16	0.12	0.06	0.18	10	2.6	36.7
油炸薯片	2 305	2.3	5.8	37.9	1.9	3.1	39.0	135	2.0	17.0	0.20	0.07	0.89	20	5.5	49.7

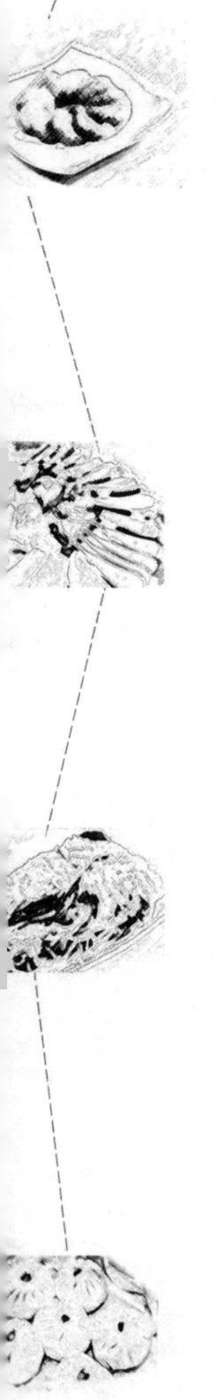

表29结果显示，油炸薯条、薯片的能量、粗蛋白、脂肪和碳水化合物等营养含量大幅度的提高，而其他食品营养含量则有增有减，消费者可根据自己的状况及需求加以选用。

九、科学加工马铃薯食品，方便食用

（一）马铃薯加工业发展概况

马铃薯食品加工已有2 000多年的历史了。在秘鲁和玻利维亚的高原地区，至今还加工生产“丘宁”、“巴巴斯”等传统食品。并成为当地民众食物的重要组成部分。

1. 国外发展简况。 20 世纪 70 年代以来，马铃薯食品加工业迅速发展。1940 年，美国加工的马铃薯食品占马铃薯销售总量的 2%，而 1970 年占的比例却一跃上升到 51%。近年来发展更快，美国马铃薯总产量为1 800万吨，加工数量达1 300万吨，加工数量占总产量的 73%。总产值为1 108亿元人民币，每吨产值为6 150元。马铃薯食品多达 70 余种，年人均消费 19 千克，其中油炸制品达 8 千克，作为一种旅游、休闲食品在超市随处可见，颇受消费者青睐。

在加拿大、英国、法国、荷兰、德国、日本和丹麦等

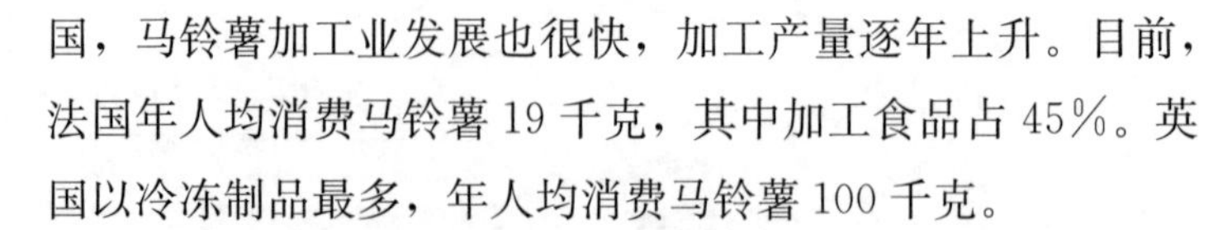

国，马铃薯加工业发展也很快，加工产量逐年上升。目前，法国年人均消费马铃薯 19 千克，其中加工食品占 45%。英国以冷冻制品最多，年人均消费马铃薯 100 千克。

2. 我国发展简况。我国年产马铃薯6 628万吨，占世界总产量的 20%以上。我国 90%以上的马铃薯作蔬菜鲜食，工业加工多限于加工粗制淀粉，制作粉丝、粉条等初级产品。近年来，随着食品结构的调整，马铃薯新兴制品的多样化，马铃薯全粉变性淀粉、油炸薯条、薯片，以及膨化食品，薯饼、薯丸等产品的开发，带动了马铃薯深加工业的发展，特别是麦当劳、肯德基等洋快餐在我国的迅速发展，2010 年麦当劳快餐店将达到 0.5 万～1 万家，有力地推动了我国马铃薯加工业的发展。

（二）工业化加工马铃薯不同削皮方法对其营养含量的影响

马铃薯加工食品种类多，品种多，无论生产哪一类、哪一个品种，都必须首先进行削薯皮，工业化加工马铃薯削薯皮方法与家庭烹饪手工削薯皮方法不同，因而薯块失重及营养损失也更大。

1. 削薯皮的方法。工业化加工马铃薯食品削薯皮的方法是，机械削皮，磨损削皮，蒸汽削皮，碱液与蒸汽结合削皮。用得较多的是机械削皮法。

2. 几种削皮方法对薯块维生素含量的影响。无论用哪一种削薯皮方法，薯皮里的矿物质都损失了；而不同削皮方

法对维生素含量影响却有一些差异，详见表 30。

表 30 几种削皮方法对薯块维生素含量的影响

削皮方法	损失量占薯块的%			
	维生素 C	维生素 B_1	维生素 B_2	烟酸
磨损法	10.5	—	—	—
碱液—蒸汽法	6.5	32～35	25～26	10～23
蒸汽法	3.0	18～20	15～16	5～5.5

表 30 结果显示，磨损法削皮对维生素 C 含量损失最多；而碱液—蒸汽法削皮对维生素 B_1、维生素 B_2 和烟酸含量损失最多，比单用蒸汽法削皮损失多 3.5～18.0 个百分点。

3. 亚硫酸盐溶液浸泡去皮对其营养含量的影响。马铃薯削皮后立即放到亚硫酸盐溶液里浸泡几分钟，而后取出晾干，就能有效的抑制酶类变褐反应，薯肉不再变成褐色，并可冷藏数日，仍不变色，以供烹饪和加工食品应用，从而保证食品颜色及风味。

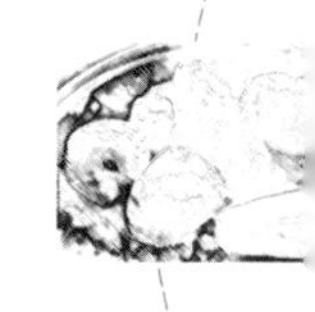

①对维生素 C 含量没有影响。因为亚硫酸盐是一种还原剂，所以对维生素 C 含量没有影响。而其含量略有下降，是薯块浸泡过程中维生素 C 浸析到溶液中造成的，而不是维生素 C 与亚硫酸盐溶液反应的结果。

②对维生素 B_1 含量的影响。维生素 B_1 与亚硫酸盐溶液发生化学反应，使维生素 B_1 形成没有活性的嘧胺磺基酸和噻唑磺基酸，结果维生素 B_1 含量下降，损失量多少与薯块接触亚硫酸盐溶液面积大小、溶液浓度高低和浸泡时间长短等因素有关，详见表 31。

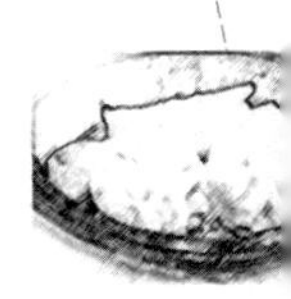

表 31 亚硫酸盐溶液浸泡薯块对维生素 B_1 含量的影响

处 理	维生素 B_1 损失量占总量的%
未浸泡的薯块	—
削薯皮后立即检测	0
煮熟的薯块未浸泡	17
煮熟的薯块浸泡	32
薯块未浸泡法式油炸	10
薯块浸泡后法式油炸	44
浸泡后法式油炸，保温 18 分钟	72
浸泡后取出在 5℃下冷藏 1～7 天	21～27

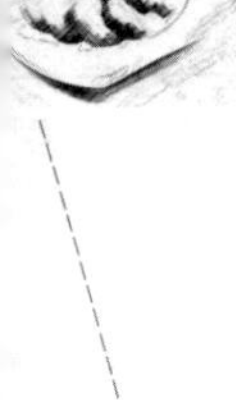

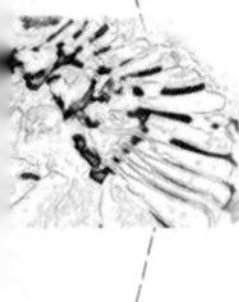

表 31 结果显示，无论用哪种方法加工马铃薯食品，只要用亚硫酸盐溶液浸泡薯块，其维生素 B_1 损失量都比未浸泡薯块维生素 B_1 损失量高 15 个百分点以上，造成损失是很大的。

③用亚硫酸盐溶液浸泡过的薯块冷藏时间长短影响维生素 B_1 含量。薯块在亚硫酸盐溶液里浸泡一下就捞出来，放在 3℃冰箱中贮藏 8 天后进行油炸，其维生素 B_1 含量损失 11%；而在亚硫酸溶液中浸泡捞出后立即进行油炸，其维生素 B_1 含量损失很少，少到可忽略不计。用亚硫酸盐溶液浸泡的薯块取出后，冷藏几天后再去油炸，其维生素 B_1 含量损失达 25%，可见，浸泡后冷藏对其含量影响是很大的。

④用亚硫酸盐溶液浸泡薯块时间长短影响亚硫酸盐在薯

块里的分布。研究结果表明，用亚硫酸盐溶液浸泡薯块5分钟，亚硫酸盐的大部分集中在薯块最外层，只有一小部分分布在薯块内部。同样浸泡达16小时，亚硫酸盐渗透到距薯皮表面10毫米深的内部组织，其维生素 B_1 含量损失55%。薯块在亚硫酸盐溶液中浸泡时间愈长，其维生素 B_1 含量损失愈大。

⑤几种因素对薯块维生素 B_1 营养含量的影响。不同溶液浸泡：把薯块切成两半放在水里浸泡，其维生素 B_1 含量损失10%；而放在亚硫酸盐溶液里浸泡，其维生素 B_1 含量则损失20%，比用水泡损失量翻了一番。

浸泡后煮熟对维生素 B_1 含量影响更大。研究结果显示，未经浸泡的薯块煮熟后，其维生素 B_1 含量损失20%，而用亚硫酸盐溶液浸泡过的薯块煮熟后，其维生素 B_1 含量损失30%。换句话说，不经浸泡煮熟的薯块100克含维生素 B_1 0.08毫克；而用亚硫酸盐溶液浸泡后煮熟的薯块100克则含维生素 B_1 0.07毫克，浸泡后再煮熟造成的损失更大一些。

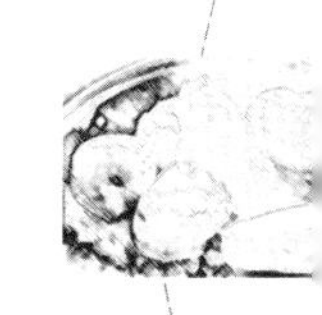

贮藏的影响。刚收获的马铃薯（未贮藏过的薯块）用亚硫酸盐溶液浸泡后维生素 B_1 含量损失4%～10%，而贮藏期间的薯块用亚硫酸盐溶液浸泡后，维生素 B_1 含量损失的更多一些。

（三）现代加工技术对几种马铃薯食品营养含量的影响

1. 油炸薯条。20世纪70年代以来，马铃薯冷冻食品迅

速发展。美国冷冻食品产量已占马铃薯加工总量的45%～48%，油炸薯条是主要品种之一。

（1）油炸薯条加工生产工艺流程和加工技术。油炸薯条又称冷冻法式油炸薯条，其加工生产工艺流程是：加工前的准备工作，冲洗马铃薯，去掉薯块上的泥土及污物→削薯皮→冲洗掉薯皮→去掉芽眼、损伤部、病部及绿色区域→待加工使用。

加工技术。切条→水洗→晾干去水→油炸→加盐及调味品→包装。

（2）对营养成分含量的影响。

①总氮。油炸薯条粗蛋白含量是家庭烹饪马铃薯粗蛋白含量的66%，总氮保留量为85%。损失是在加工过程中氮化物浸析到水里造成的，薯条厚度一般为0.95厘米，在77℃的热水中漂白，各种氨基酸损失较多，其中游离态氨基酸都浸析到水里了。法式油炸薯条氨基酸含量损失4%～10%，其中赖氨酸损失12%～14%。

②维生素。生产法式油炸薯条维生素含量损失是比较大的，主要是在削薯皮、切条和漂白等操作过程中造成的，用鲜薯加工油炸薯条维生素含量损失是：维生素C 44%，维生素B_1 44%，维生素B_2 39%，烟酸24%；而用贮藏6个月的马铃薯生产油炸薯条，维生素损失量是：维生素C 72%，维生素B_1 52%，维生素B_2 45%，烟酸35%，用陈薯（贮藏薯）生产油炸薯条比用新薯（新收获的薯）油炸薯条维生素含量损失加大，维生素C多28个百分点，维生素B_1多8个百分点，维生素B_2多6个百分

点、烟酸多 11 个百分点。

不同的漂白方法其维生素含量损失多少也不一样，同样是法式油炸薯条，用蒸汽漂白时，其维生素 C、维生素 B_1、维生素 B_6、烟酸和叶酸的保留量在 89%～97%之间，而用水漂白时，这 5 种维生素的保留量在 66%～88%之间。用水漂白比用蒸汽漂白维生素损失的更多一些。因为薯块切条愈多，薯条与水接触面积愈大，维生素浸析到水里愈多，损失愈大。

③矿物质。法式油炸薯条要进行削薯皮、切条和漂白等操作，对矿物质含量有一定的影响，一般损失 30%左右。

2. 常用的冷冻食品。常用的马铃薯冷冻食品有小馅饼、松饼、圆饼、细丝和薯泥等。由于这些食品加工程序多，技术复杂，其营养成分含量损失也更大。

马铃薯小馅饼营养成分保留量是，总氮 90%，维生素 C 5%，维生素 B_1 88%，维生素 B_6 91%，烟酸 90%，叶酸 73%，损失的有多有少。

薯泥冷冻融化后，维生素 C 含量损失 7%，维生素 B_1 和维生素 B_2 含量基本未变。

薯泥慢慢的冷冻和融化，维生素 C 含量损失的更多一些，损失量达 22% 以上。矿物质含量也有相当多的损失。

薯泥冷冻融化后再加热，维生素 C 含量仅保留 24%～36%，损失量达 2/3 以上，损失十分严重。

薯泥维生素 C 含量损失多少与薯泥冷冻速度、融化时

间、加热方式及温度高低等因素密切相关。

3. 油炸薯片。油炸薯片又称松脆型薯片或薯片，1978—1979 年，英国油炸薯片占马铃薯加工总量的 38%，发展速度很快。油炸薯片是快餐食品。

油炸薯片加工工艺和技术与油炸薯条大体相似，只不过是把薯块切成薄片、而不是切成条形。油炸薯片水分含量降低 2%，在密封的食品袋里，在一般室温下存放即可，不用冷冻，其营养成分含量变化如下：

①总氮。油炸薯片总氮总量变化除与加工操作处理有关外，还与薯块的比重大小（即干物质含量多少）有关，详见表 32。

表 32　不同比重薯块油块薯片蛋白质含量

薯块比重高低	赖氨酸减少占总量的%		蛋白态氮减少占总量的%	
	总量	有效的	蛋白质	游离态氨基酸
比重低的薯块	58	67	37	45
比重高的薯块	38	62	20	33

表 32 结果显示，用干物质少的薯块（比重低）油炸薯片，比用干物质多的薯块（比重高）油炸薯片，其蛋白质和赖氨酸含量损失的都多一些。

用鲜薯油炸薯片游离氨基酸减少 50%～60%，还原糖减少 70%；油炸薯片再存放一段时间，游离态氨基酸继续减少，减少比例达 85%～88%，其中蛋氨酸损失 100%，全部损失掉。这是因为蛋氨酸被氧化成硫化蛋氨酸，并有变褐

反应，以及蛋氨酸与糖类进行反应的影响，使蛋氨酸含量全部损失掉。

②维生素C。油炸薯片维生素C含量比鲜薯维生素C含量减少30%～85%，平均减少75%，损失很大。

③矿物质。油炸薯片矿物质含量比鲜薯的含量有所降低，至少薯皮中的矿物质全都丢掉了。

从以上结果可以看出，油炸薯片在生产过程中确实损失了一些营养含量。但由于油炸薯片失水及浓缩，有些营养成分含量还提高了。另外，薯片吸收了油脂，脂肪含量增加，碳水化合物含量相对减少，故油炸薯片营养成分含量很高，油炸薯片33.3克的营养含量就相当于鲜薯100克的营养，故油炸薯片的能量提高了很多。

4. 脱水食品。20世纪70年代以来，马铃薯脱水食品发展很快。1978年已占马铃薯加工总量的61%。脱水食品种类很多，例如，薯粉、薄片、薯粒、薯丁等。

脱水食品在生产过程中，其营养成分含量会受到不同程度的影响，结果如下。

（1）总氮。马铃薯脱水食品总氮含量有一些减少，主要是机械削皮失重、浸泡过程中流失和加温干燥过程中氨基酸与糖类反应中造成的。几种马铃薯脱水食品总氮的保留量是：薯粒83%，薄片70%，细丝85%，薯丁86%。用薄片或薯粒制作的薯泥总氮含量，是煮熟马铃薯总氮含量的65%～70%，换言之，薯泥总氮含量减少了35%～30%，损失量是很大的。

用滚筒烘干机烘干的马铃薯脱水食品游离态氨基酸含量

损失 4%～19%，其中赖氨酸含量损失达 21%，损失量较大。

（2）维生素。因马铃薯脱水食品种类及维生素种类不同，维生素损失量有较大的差异，详见表 33。

表 33　几种马铃薯脱水食品的维生素含量

脱水食品	占鲜薯含量的%				
	维生素 C	维生素 B_1	维生素 B_6	烟酸	叶酸
薯粒	45	9	83	78	48
薄片	47	63	62	77	54
细丝	40	4	72	73	58
切块	38	4	84	80	69

表 33 结果显示，这 4 种食品维生素 B_1、维生素 C 和叶酸含量损失最多，烟酸和维生素 B_6 含量损失较少。从食品种类看，薯粒、细丝和切块维生素 B_1 含量损失较多，薄片维生素 B_1 含量损失较少。

薯粒维生素 C 损失是在热水漂白、特殊的混合、磨碎浸析和氧化反应造成的。薯粒维生素 B_6 含量损失较小，可以忽略不计。

脱水食品叶酸含量损失是在漂白中浸析、混合及磨碎过程中氧化反应，以及脱水中的破坏作用造成的。

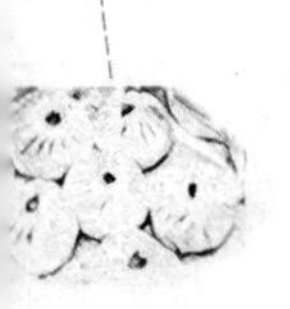

在贮藏期间，脱水食品维生素 C 含量还会继续减少，装袋密封的薯粉在 37℃条件下贮藏 6 个月，维生素 C 含量减少 25%～30%。在常温下密封的薯泥贮藏 3 个月，维生

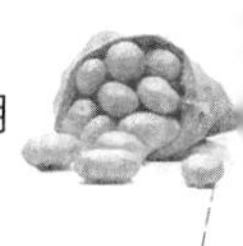

素C含量减少49%，损失量很大。

用干薯进行烹饪及加工食品，维生素C含量也会继续减少，如用薯片制作薯泥，维生素C含量又损失10%～48%，损失量是很大的。

(3) 矿物质。马铃薯脱水食品在加工过程中需经过漂白和亚硫酸盐溶液浸泡等处理，矿物质含量有不同程度的损失。因食品种类不同，处理时间长短不一，矿物质含量损失也有较大的差异。

5. 马铃薯罐头。 罐头内有薯块，有汁液，食用方便，但其体积大，运输费用偏高，故发展较慢，在马铃薯加工食品中占的份额较少。1972年，美国马铃薯罐头产量占马铃薯加工总量的3%左右。在欧洲，马铃薯罐头占马铃薯加工总量的比例比美国还要低一些。

生产马铃薯罐头大部分是用小薯，有的切成小块、细丝和薄片等。生产工艺流程和加工技术是：清洁薯块→按大小分级→切块（丝、片）→装罐→加水及钙盐等稳定剂→封盖→加热→冷却→贴标签→贮存。马铃薯罐头营养成分含量也有一些变化。

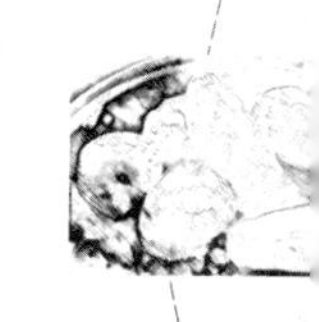

(1) 总氮。马铃薯罐头总氮损失量约为22%，大部分浸析到浸泡液中。游离态氮基酸和结合态氨基酸损失量达19%～44%，如果把它加热再食用，赖氨酸含量损失约40%，损失量是很大的。

(2) 维生素。马铃薯罐头每100克含维生素C 5～25毫克，幅度较大。

马铃薯罐头每100克含维生素B_1为0.037毫克（8种

罐头的平均数)。

马铃薯罐头几种维生素含量占鲜薯维生素含量的比例是，维生素 B_2 为 25%，维生素 B_6 30%，烟酸 50%，叶酸 30%，损失较大，多是加工中加热破坏及浸析到浸泡液中而造成的。

(3) 矿物质。马铃薯罐头食品矿物质含量特别是钠、钙的含量，比鲜薯矿物质含量略高一点，这是薯块从浸泡液中吸收了一些钠、钙等矿物质而造成的。

(四) 传统加工技术对马铃薯食品营养含量的影响

在秘鲁和玻利维亚安第斯山高原地区，人们以马铃薯为主食，当鲜薯断档时，他们就食用传统的加工产品——丘宁，这是最早的马铃薯商业食品，其加工方法及产品一直沿用至今。

马铃薯传统加工的食品主要是黑丘宁、白丘宁和巴巴斯，现简介如下。

1. 白丘宁的生产流程、技术及工艺。选好生产场地→摆放马铃薯→冷冻→直到把马铃薯冻透→白天用稻草或麦秸覆盖冻薯→夜里继续冷冻→白天阳光照射使冻薯融化→脚踏薯块→去掉薯皮→把去皮的薯块浸泡在水里→覆盖7～12 天→取出薯块晾晒→薯块表面呈现白色的壳状物→贮存。

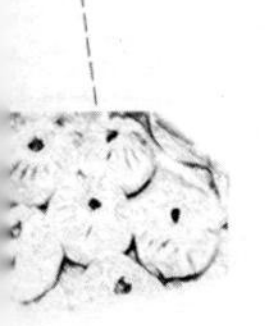

2. 黑丘宁的生产流程、技术及工艺。黑丘宁与白丘宁

的生产工艺及技术基本一样，所不同的是，黑丘宁生产是在薯块冷冻、融化交替捣碎后，不去薯皮，不用水浸泡，在阳光下晒干。因其表现变成暗褐色或黑色，故称黑丘宁。

3. 巴巴斯的生产工艺流程及技术。巴巴斯是马铃薯传统食品中档次最高的一种。具体做法是，先把马铃薯蒸熟、剥掉薯皮，再切成薄片或粉碎，在阳光下摊开晒干，就成为巴巴斯了。

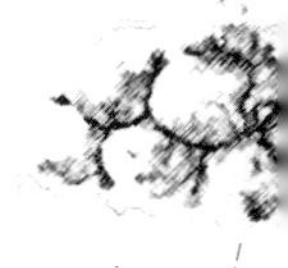

4. 三种马铃薯传统食品的营养含量。在马铃薯传统食品生产过程中，对其营养含量有一定的影响，现把其营养含量整理分析如下。白丘宁、黑丘宁和巴巴斯每100克的能量分别是鲜薯能量的303.3%、315.8%和302.1%，均提高3倍多；而维生素C含量却大幅度下降，仅为鲜薯含量的5%～16%，其维生素C含量损失80%以上。其他营养成分含量比鲜薯的有增有减，差异较大。营养含量损失是由于失水及加工中流失造成的。

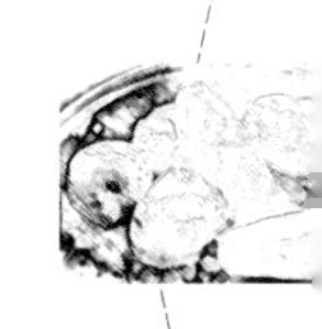

（五）部分马铃薯食品的营养含量

为方便广大消费者选购马铃薯食品，现把部分马铃薯食品营养含量整理成表34。

表34结果显示，马铃薯不同食品的能量和蛋白质等含量相差很多，消费者可根据自身需要及口味加以选择，以满足需要。

表 34　部分马铃薯食品每 100 克的营养成分含量

食品名称		能量（焦）	水分（%）	粗蛋白质（克）	脂肪（克）	碳水化合物（克）	食用纤维（克）	矿物质（克）	钙（毫克）	磷（毫克）	铁（毫克）	维生素 B_1（毫克）	维生素 B_2（毫克）	维生素 B_6（毫克）	维生素 C（毫克）	叶酸（毫克）	烟酸（毫克）
工业方法加工	马铃薯罐头	222	84.2	1.2	0.1	12.6	2.5	—	11.0	31.0	0.7	0.02	0.03	0.16	17.0	11.0	1.0
	马铃薯速溶粉	1 331	7.2	9.1	0.8	73.2	16.5	—	89.0	220	2.4	0.04	0.14	0.82	12.0	24.0	5.6
	马铃薯速溶粉（恢复水分后）	293	79.4	2.0	0.2	16.1	3.6	—	20.0	48.0	0.5	0.01	0.03	0.18	5.0	5.0	1.7
	冷冻的马铃薯小块	305	81.0	1.2	微量	17.4	0.4	0.4	10.0	30.0	0.7	0.07	0.01	—	9.0	—	0.6
传统方法加工	冷冻的薯块	753	54.5	1.8	0.6	42.1	2.0	1.0	58	54	2.8	0.07	0.20	—	1.0	—	1.6
	巴巴斯	1 347	14.8	8.2	0.7	72.6	1.8	3.5	47	200	4.5	0.19	0.09	—	3.0	—	5.0
	白丘宁	1 351	18.1	1.9	0.5	77.7	2.1	1.8	92	54	3.3	0.03	0.04	—	1.0	—	3.8
	黑丘宁	1 393	14.1	4.0	0.2	79.4	1.9	2.3	44	203	0.9	0.13	0.17	—	2.0	—	3.4

十、搞好马铃薯贮藏，保障周年供应

马铃薯与大米、面粉等粮食相比，其薯块大，含水量高，对贮藏温度和湿度要求高，因此，对贮藏条件也有一定的要求。我国国民食用马铃薯是鲜贮、鲜运、鲜销和鲜食，且90%以上的鲜薯是作菜，每户都经常用，虽然每天的量不一定太多，但都得有。这样，贮藏好了，一般都能贮存七八个月，甚至贮藏更长时间，这样才能均衡上市，满足周年供应，天天有薯食用。

（一）马铃薯贮藏的基本要求和条件

1. 贮藏的基本要求。概括一下，贮藏马铃薯必须做到“六不”、“一长”，即不冻、不烂、不失水、不发芽、不变绿、不影响食用及加工质量，长时间贮藏。

马铃薯是活的组织，在贮藏期间特别是前期，虽然处于休眠状态，但仍然进行微弱的呼吸及新陈代谢活动，结果，消耗糖转化为二氧化碳、水和能量；在淀粉分解酶的作用下，淀粉转化为糖，在淀粉合成酶的作用下，糖转化为淀粉。因此，其营养成分含量会发生一些变化，其中有的会有较大的变化，只有熟悉其活动规律及对外界条件的要求，通过人为的调控，才能满足其贮藏的要求，达到“六不”，长时间的贮藏。

2. 贮藏的基本条件。贮藏马铃薯对温度、湿度、通风和避光等，都有一定的要求，分别介绍如下：

（1）温度。贮藏马铃薯温度一般为3～10℃。但根据贮藏薯的用途不同，贮藏温度也有所不同。可分为种薯、商品薯和加工薯三类。

种薯是来年生产播种用的，贮藏温度为3～10℃，在贮藏期间不发芽、不皱缩、不失水，保持旺盛的生机与活力。

商品薯是供广大消费者食用的，贮藏温度为3～10℃，在适宜的温度范围内，温度愈低，其休眠期愈长。生产实践经验表明，家庭消费用的马铃薯，一般贮藏温度在5℃左右为宜，既能防止其长芽，又能防止衰老变甜。

加工薯贮藏薯的温度为7～10℃，温度愈低，薯块含糖量愈高，当降到6℃以下时，其含糖量明显提高。加工马铃薯食品用的薯，一般在10℃左右贮藏，此温度能防止薯块长芽和还原糖积累过高，恰到好处。但如果贮藏时间过长（达几个月），也会产生衰老变甜，这是一种不可逆反应，甜味不能再降下来。马铃薯还原糖含量高影响烹饪及加工食品的颜色及风味，进而降低食品质量。

（2）湿度。马铃薯贮藏相对湿度为80%～93%。湿度

过低薯块容易失水，发生皱缩；湿度过高，容易发生病害，甚至造成较大的损失。

（3）通风。马铃薯是有生命的活体，要进行呼吸，即吸收氧气，排出二氧化碳，这样，贮藏窖应该通气（风），保证氧气的供给。如果窖内缺少氧气或不能通风，常导致薯块黑心。

（4）防止阳光直射。在贮藏马铃薯时，防止阳光直射，因为薯块受到阳光照射，薯皮会产生叶绿素，进而使薯块变绿，甚至成为绿薯。虽然科学研究结果表明，绿皮无毒，不影响食用，但由于长期以来认为绿皮有毒，绿薯不能食用，因而人们见绿（薯）生畏，不敢食用。贮藏马铃薯时避光，使它不产生叶绿素、不变绿，这个问题就彻底解决了。

（二）马铃薯贮藏方式

马铃薯贮藏可分为传统贮藏方式和现代贮藏方式两大类。

1. 传统贮藏方式。贮藏设施主要是薯窖、薯井、薯洞等，我国北方农村普遍应用。不管用哪种类型的薯窖，都应具备两个条件，一是保温效果好，在严冬季节不能把薯块冻了。二是有通风口，上有覆盖物。通过调整覆盖井口覆盖物的覆盖程度（覆盖井口面积大小）调节控制通气量，进而调控窖内的温度，在冬季不能太低，在春季不能过高，基本稳定在3～4℃，满足商品薯贮藏的需求，利用这些土

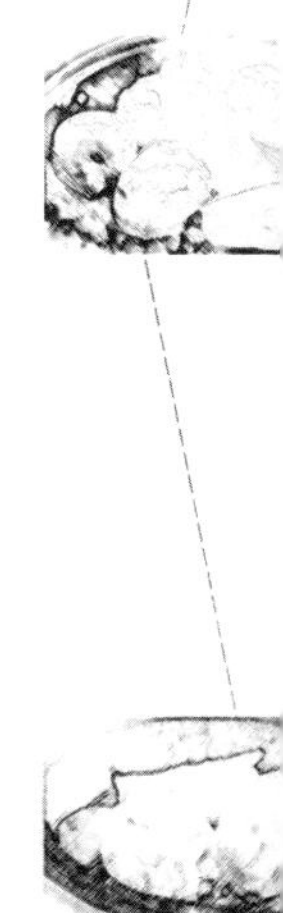

办法贮存，一般都能贮藏七八个月，有的农户能贮藏对头一年，即第二年收获新薯时，上年贮藏的马铃薯仍然很完好，可照常食用，可见，主产区农户贮藏马铃薯的经验非常丰富。

马铃薯收获后有休眠期，处于休眠状态，即使满足萌芽条件，在休眠期内它也不萌芽。休眠期长短主要由品种特性（内因）来决定，过了休眠期，其发芽早晚，快慢主要由温度高低来决定。因此，在马铃薯贮藏期间，应围绕延长其休眠期和控制发芽为目标，采取多种措施，尽量延长贮藏期，以保障周年供应。

2. 现代贮藏方式。主要是用现代化的设施调控温度、湿度，满足贮藏马铃薯的需要，它不仅贮藏量大，而且效果好，在大中城市用的更多一些，现代化贮藏设施主要有以下几种。

（1）通风库贮藏。用通风库贮藏马铃薯，要求薯堆高不超过 2 米，在堆内放置通风塔，也可在库内设专用木条柜装薯块。

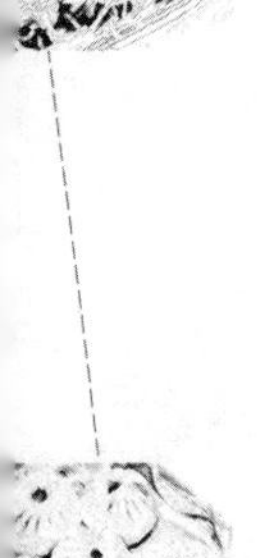

（2）保温库或自动调温库贮藏。因为是自动化调控，库内温度、湿度适宜，贮藏马铃薯的效果当然会更好，但要增加用电等生产成本。

（3）气调（CA）贮藏。在密闭的仓库或容器内，通过调整二氧化碳和氧气的浓度，以及库内温度，来控制马铃薯萌芽，延长其贮藏期。

（4）用抑芽剂抑制发芽。一些化学药剂（抑芽剂）在高温贮藏期间能有效抑制马铃薯发芽。如 IPC（异丙基-N-苯

基氨基酸甲酯）和 CIPC（氯丙基—苯基氨期酸甲酯）混合药剂，在 10～20℃、相对湿度 34%～70%的条件下使用，在贮藏期 8 个月内，可有效地抑制马铃薯萌芽，并抑制薯块失重。

（三）马铃薯贮藏对其营养成分含量的影响

马铃薯在贮藏期间，因蒸发作用，薯块能不同程度的失水。但是如果把窖内湿度调整控制好，温度湿度适宜，薯块一般不会失水，或失水很少，这样，就不会影响薯块重量及质量。而其中的一些营养成分含量，会有一些变化。

1. 干物质。在贮藏期间，马铃薯干物质含量有些降低。在 10℃条件下贮藏 1 个月，其干物质含量降低 1.2%，而后的每 1 个月，都减少 0.8%。当马铃薯萌芽时，其干物质含量减少达 1.5%。

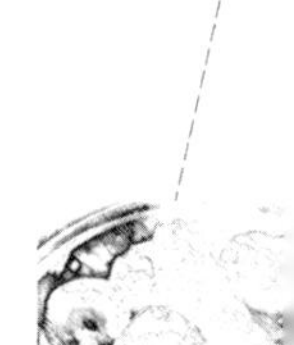

2. 碳水化合物。马铃薯碳水化合物主要是淀粉和糖类。在贮藏期间，淀粉与糖类之间随着温度的变化而进行转换。温度较低时，淀粉分解成糖，糖类增多，薯块变甜；温度较高时，糖类合成淀粉，薯块甜味降低。淀粉和糖的含量处于动态平衡之中，从总体上看，薯块碳水化合物含量没有什么变化。

由于薯块里的淀粉和糖类含量可随温度变化而变化，消费者可根据贮藏薯块的用途及食用口味，而调整其含量，以更适于自己的需要。

3. 总氮（氮化物）。在马铃薯贮藏期间，其总氮含量基

本未变，即使有的作者报道有些变化，但也达不到显著水平。一项研究结果显示，在7℃条例下贮藏2个月，其总氮含量未有变化；而贮藏4个月后，其总氮含量下降0.8%，但未达到显著水平。

在3～4℃条件下贮藏4个月，马铃薯蛋白态氮减少3%左右，而非蛋白氮略有增加。各种氨基酸含量没有明显的变化。

4. 膳食纤维。在贮藏期间，未成熟马铃薯膳食纤维含量有所提高；而成熟马铃薯膳食纤维含量基本未变。一项研究结果显示，在3.3℃条件下，几个马铃薯品种贮藏8个月，它们的膳食纤维含量都没有变化。

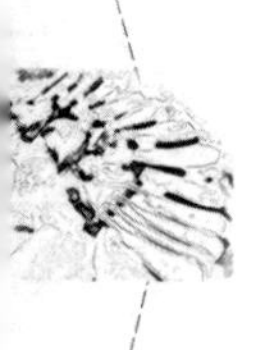

5. 维生素。在马铃薯贮藏期间，其维生素含量有些变化。因维生素种类不同，其含量变化有较大的差异。其变化趋势见图5。

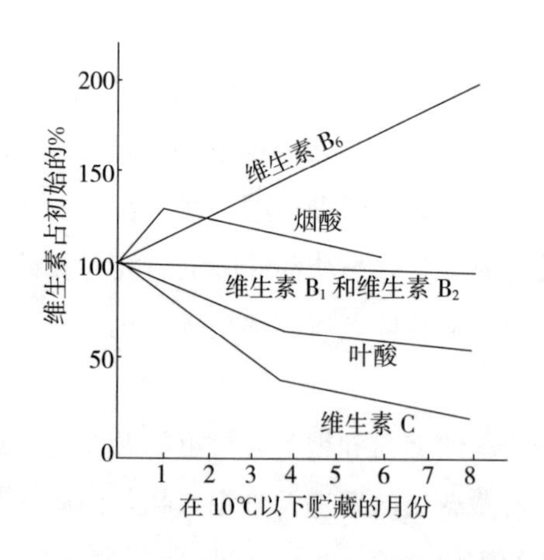

图5　在10℃条件下马铃薯维生素含量变化

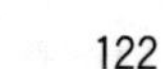

图5结果显示，马铃薯在10℃条件下贮藏8个月，几种维生素含量变化显著不同。

（1）维生素C。在贮藏开始的4个月内，维生素C含量急剧下降，而后期间其含量降低速度放缓。一般认为，马铃薯贮藏期间维生素C含量减少40%～60%，损失很大。损失的主要原因是，有效营养脱氢维生素C已被氧化成无效营养二酮古洛酸的结果。

（2）维生素B_6。随着贮藏时间的延长，马铃薯维生素B_6含量急剧增加，一项实验的结果是，在4.5℃条件下贮藏2个马铃薯品种达6个月，一个品种维生素B_6，含量提高152%，另一个品种的维生素B_6含量提高86%；另一项实验结果显示，在7℃条件下贮藏长达8个月，马铃薯维生素B_6含量提高126%，提高幅度都是比较大的。马铃薯贮藏后维生素B_6含量大幅度提高，可能与它由结合态变成游离态有关。

（3）维生素B_1和维生素B_2。在贮藏8个月期间，马铃薯维生素B_1和维生素B_2含量基本没有变化。在图5中其含量与时间似乎是一条平行的直线。

（4）烟酸。在贮藏期初期，马铃薯烟酸含量开始上升，而后逐渐下降，随着贮藏时间的延长（8个月），其含量降到原有水平。一项实验结果显示，在10℃条件下贮藏2个马铃薯品种达2个月时，它们的烟酸含量峰值浓度分别提高36%和19%，而后逐渐下降；贮存到6个月时，它俩的烟酸含量浓度又下降到原来的水平。其含量大起大落的原因还不十分清楚。

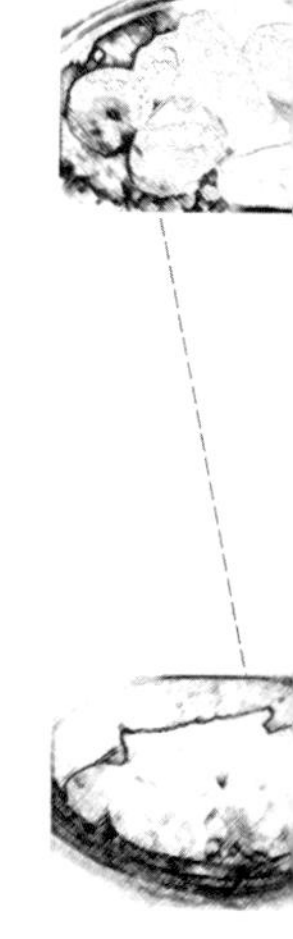

（5）叶酸。在贮藏开始阶段，马铃薯叶酸含量减少较多，而后再缓慢下降。一项实验结果显示，在低温下贮藏马铃薯 8 个月，在开始的前 4 个月内，其叶酸含量下降17%～40%，在后 4 个月内，其叶酸含量下降不多。

6. 矿物质。一项研究结果显示，在 5～10℃条件下贮藏马铃薯 7 个月，薯块里钙、铁和镁的含量基本未变。总的看，在贮藏期间，马铃薯矿物质含量没有明显的变化。一是矿物质比较稳定。二是马铃薯薯皮有效的保护有关，不像其他蔬菜那样容易破损，进而导致汁液流失，其中就包括矿物质流失，从而减少矿物质含量。

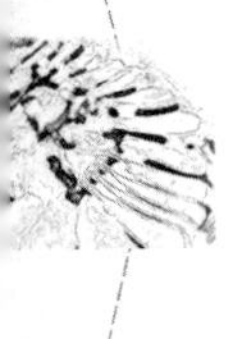

（四）马铃薯贮藏应注意的问题

1. 清理薯窖，搞好窖内卫生及消毒。我国北方农民修建的薯窖，都是多年使用。因此，在新薯入窖前，要把薯窖收拾干净，把上年贮藏马铃薯的残余物及杂物清理干净带出窖外，并对窖内进行消毒，杀灭病菌及虫卵等。入窖前应晾窖 1 周左右，以降低窖温和消毒药剂的气味。

2. 剔除病薯、伤薯，贮藏健康薯。我国北方起薯后，一般在地里要晾几天，而后装袋贮运或入窖贮藏。入窖前要挑选薯块，即挑选无病薯、无伤薯入窖，也就是入窖健康薯，剔除有病带伤的薯，防止入窖后发病及传播病害造成损失。装袋、运输和入窖时，要尽量避免机械损伤，使薯块完好。

3. 窖内贮薯不能装得太满，要留出一定的空间。一般

每立方米薯重650～750千克，窖藏马铃薯重量＝薯窖容积（立方米）×750千克/立方米×0.6（调整系数），换句话说，薯窖要留出40%左右的空间；以供流通空气（散热）及人工操作用地。

4. 加强通风管理及调控窖内温度。在马铃薯贮藏期间，要根据天气状况，加强窖内通风管理，进而保持窖内的适宜温度和相对湿度。

5. 经常进薯窖进行检查，发现问题及时处理。如发现病薯要带到窖外，防止传播蔓延。

马铃薯入窖后，一般不再挪动，如果窖温较高，贮藏时间较长，也可酌情倒动一两次。为防止马铃薯在窖藏时出汗，可在薯堆表面铺放草帘或稻草，转移出汗层、防止发芽和腐烂。

总之，要采取各种措施，使贮藏的马铃薯达到“六不”、“一长”，均衡上市，满足供应。

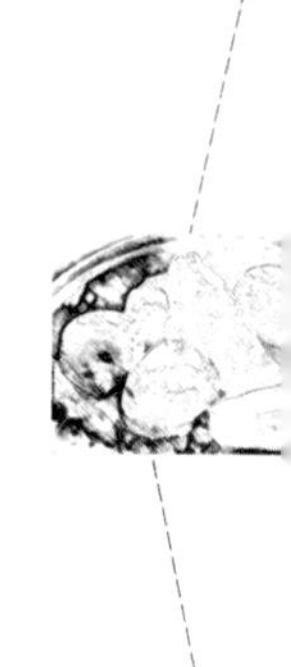

十一、关于马铃薯几个食用问题的讨论及改进建议

（一）关于薯皮变绿薯块的食用

1. 现状。经常发现有些薯块的薯皮变成绿色，有的变绿一部分，有的变绿大部分，甚至变成绿薯。长期以来，认为薯皮变绿有毒，绿皮薯就不能再食用了，这一观点已写在教材里和很多科普期刊上，故绿皮有毒论传播很广，影响面很大。因此，广大消费者一见到绿皮薯，就随手扔掉，弃之不用，算起来数量不小，造成很大浪费。就是各家各户从市场上买回一些马铃薯，放的时间长一点，有些自然光，也会出现绿皮薯，结果也会弃之不再食用。

2. 研究结果。马铃薯生长有二重性，靠近地面的茎如果培上土，在黑暗的条件下就会长成匍匐茎，进而长成块茎，因而在田间管理上都有培土这一措施；如果不培土，就会长成地上茎。

块茎埋在土中，就是白色或褐色或紫色（薯块的本色），一旦被雨水冲刷或农事操作不慎把块茎露出土壤暴晒在阳光

下，经过一段时间，薯皮就会变绿。

同样，在田间收获马铃薯晾晒一下，受到阳光直射，且时间较长，薯皮就变绿。在贮藏期间，阳光直射且时间较长，薯皮也会变绿。

研究结果显示，在阳光的照射下，马铃薯薯皮产生叶绿素，叶绿素是绿色的，故薯皮也变成了绿色。因为叶绿素无毒，故整个薯块也是无毒的。另外，薯皮变绿与茄碱含量多少无关，两者没有相关性。

3. 改进建议。既然弄清了马铃薯薯皮变绿的原因，是在阳光照射下产生叶绿素造成的，所以在田间收获及贮藏期间，应采取相应的管理措施，防止阳光直射薯块，杜绝产生绿色薯，或防止薯皮变绿。因为人们不习惯、不愿意食用绿皮薯，应从源头治理。一旦薯皮变绿，也没关系，因为叶绿素无毒，且是营养素，食用安全，可照常食用。

（二）关于发芽薯块的食用

1. 现状。马铃薯度过休眠期，在温度合适的条件下，薯块就要萌芽，即从芽眼里长出嫩芽。马铃薯萌芽后，认为薯块里龙葵素（生物碱）剧增，薯块有毒，一般不再食用。由于贮存保管不善，马铃薯萌芽的不少，结果全都遗弃，特别是在城市里，结果造成很大浪费。

2. 研究结果。有关章节已经介绍过，马铃薯植株及薯块的不同部位，龙葵素的含量不同，一般薯块100克含龙葵素在10毫克左右，食用安全，不会产生不良反应。马铃薯

萌芽后，薯芽的龙葵素含量有所提高，毒性增加，因此薯芽及薯的芽眼周围（直径 1 厘米）的薯肉应该挖掉，不能食用。但是，芽眼周围以外的薯肉，龙葵素的含量水平基本未变。

3. 改进建议。马铃薯一旦萌芽，可把薯芽及芽眼周围（直径 1 厘米）的薯肉挖掉，弃之不用；而薯块的其他部分，因龙葵素含量水平基本未变，即属正常水平，可照常食用。科学研究及生活实践结果显示，挖掉萌芽部分的薯块，食用不会产生不良反应，更谈不上中毒，可正常食用。

（三）关于薯皮的食用

1. 现状。目前，马铃薯无论是作主食，还是作菜肴，统统都是削掉薯皮。一是习惯问题，认为薯皮粗糙，影响食物质量，二是认为削去点薯皮无所谓。其实，削薯皮一般要使薯块失重 10%～20%，要算大账，这是很惊人的数量，损失浪费巨大。

2. 研究结果。马铃薯薯皮不仅营养丰富，含量较高，而且还能保护薯肉里的营养在烹饪加工中不外流或少外流，能有效保存营养含量。研究结果还显示，薯皮不影响食品的风味及质量。

3. 改进建议。由于削薯皮给烹饪、加工的食品营养造成一定的损失，且薯皮不影响食品的风味及质量。因此，一些专家建议，烹饪、加工马铃薯食品可以不削薯皮。削薯皮是多年来形成的习惯，不可能一下子全都改掉，应该通过讨

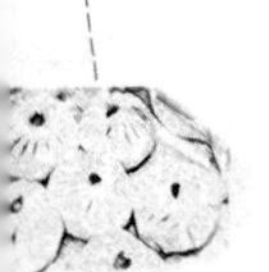

论的方法，实践的方法，逐步加以解决。笔者赞成不削薯皮的建议，但又不能一概而论，应根据烹饪和加工食品的种类及品种，灵活掌握，如马铃薯炖菜就可以不削皮，制作马铃薯泥就可削皮（蒸煮熟后再去皮）。总之，在不影响食品质量及风味的前提下，可以不削皮，以提高马铃薯的利用率。

（四）关于削薯皮的方法

1. 现状。目前，无论是家庭烹饪马铃薯，还是餐馆烹饪马铃薯，基本是用菜刀削薯皮，削的很深，特别是对于薯形不整齐，芽眼较深的薯块，削去薯皮及带的薯肉较多，约占薯块重量的20%以上，造成很大的浪费。人们对于“这点损失”往往不屑一顾，认为算不了什么，其实，不算不知道，一算吓一跳，削薯皮直接损失薯重的1/5，间接损失，即失去薯皮保护的薯肉，接触水后流失的养分也很多，接触水的面积愈大，养分流失的愈多，损失浪费就更大了。

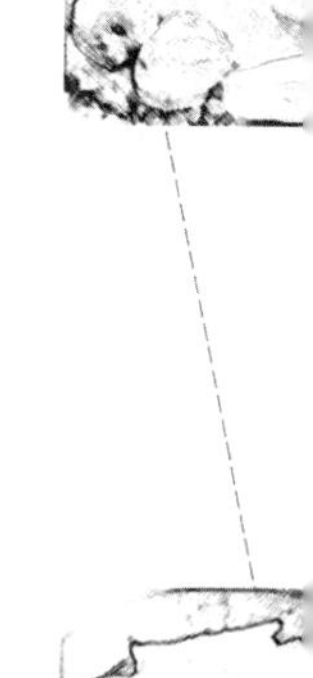

2. 研究结果。不同削薯皮方法实验结果显示，用菜刀削薯皮，一般削的较深，带的薯肉较多，特别是薯形不规则、芽眼较深的薯块，削皮失重一般占薯块重量的20%～40%；而刮薯皮刮的较浅，基本不带或带下薯肉微乎其微，故刮皮失重仅占薯块重量的1/4～1/8，效果明显。另一项实验结果显示，马铃薯先蒸煮后剥皮，失重为薯块重的6%，且好剥皮，一撕就掉，不带下薯肉，干净利落；而先削皮后蒸煮，失重为薯块的10%，先蒸煮后剥皮失重比先削皮后蒸煮失重降低66.6%，效果也很明显。

3. 改进建议。在没有改变削薯皮习惯之前，可尝试用改变削皮方法及顺序的方法来改变。一是改用刀削薯皮为用刀刮薯皮，减少损失 1/4～1/8。二是改先削皮后烹饪为先烹饪后削皮，不但减少损失 66.6%，而且削（撕）皮快捷、剥的干净。如有兴趣，不妨试一下，以最大限度的保留营养，减少损失浪费。

（五）关于马铃薯能量

马铃薯能量是明确的，鲜薯 100 克含能量为 85 千卡（356 千焦），由于其产地不同，品种不同，其能量略有差异，如 80 千卡（335 千焦）和 76 千卡（318 千焦），也是正确和正常的。

马铃薯主粮化涉及科研、生产、加工、流通、消费等多环节，是一项复杂的系统工程，需要不断加大扶持力度，集中力量攻关，尽快研发生产一批适应市场需求的主粮化产品，丰富居民的餐桌，保障人民健康。重在认识，贵在行动。我们要重新认识马铃薯，了解马铃薯，应用马铃薯，以充分发挥它的作用。

十二、附　　录

附录 1　马铃薯史话

马铃薯原产在南美洲安第斯山高原地区，是一种野生植物。那时，当地居住的印第安人为了生存，在野生植物中寻找食物时，发现野生的马铃薯可以充饥，并逐渐发展成了主要的食物。为了满足需要，他们用木棒、石器等掘松土地，开始种植马铃薯，并有较多的收获，这就是最原始的马铃薯栽培。为了长期食用马铃薯，他们还创造了最原始的马铃薯贮藏方法和加工方法。例如，他们加工生产马铃薯食品“丘宁”（Chuño）的方法，一直沿用至今。“丘宁”可以存放较长的时间，为食用提供了方便，马铃薯栽培给他们提供了较多的食物，使他们能在高海拔地区生存及发展起来，并成为南美洲大陆的主人。

研究结果显示，1536 年记载的马铃薯栽培方面的资料是最早的文献。16 世纪中期，哥伦布航海发现新大陆后，西班牙及英国的一些探险家也陆续到了南美洲，并发现当地居民种植马铃薯，食用马铃薯，对马铃薯产生了浓厚的兴趣。1570年，航海的西班牙探险家，把马铃薯带回西班牙，开始种植，并不断传播扩散，先后经过260多年，经过各方人士的大量工作，才把马铃薯传播引种到欧洲各国。18世纪初，一些农业工作者及高人又把马铃薯从欧洲引到北美洲、非洲和澳大利亚，开始试种。1719年，美国由爱尔兰引进马铃薯进行试种、栽培。19世纪中期，美国又从南美洲引进一批马铃薯品种，为大面积生产奠定了基础。在1573—1619年（明朝万历年间）期间，马铃薯由荷兰传入中国，故在浙江省、福建省沿海一带，又称其为荷兰薯。

马铃薯在传播引种过程中也不是一帆风顺的，曾经遇到了很大的阻力。例如，刚传入非洲的卢旺达时，人们不敢食用马铃薯、说什么“谁要吃了马铃薯，他家的牛不是生病就是死亡，牛奶也会变坏”。在这种思想的影响下，没有种植马铃薯。但是，随着社会的发展，时间的推移，部落首领发现，传教士、外国人吃了马铃薯，不但未受到任何伤害，而且身体很健康，于是动员甚至强迫当地的一些头面人物带头吃马铃薯，结果都平安无事，这才打消了人们的疑虑，于是开始种植马铃薯，在外来移民的帮助下，生产技术有了一些提高，生产了较多的马铃薯，马铃薯在解决当地人民的温饱中起了很大的作用，促使马铃薯生产陆续发展起来。

马铃薯引进到尼泊尔的舍巴库姆布地区大面积生产栽培后，解决了人民的生活问题，促进了人口增长和佛教文化的兴起，推动了当地社会和经济的发展。

在一些国家和地区，如爱尔兰和苏格兰，人们以马铃薯为主食，因而，马铃薯种植面积很大，马铃薯的丰收与歉收

会影响人们的生活，例如，1845—1846年，马铃薯晚疫病大流行造成严重减产，发生大饥荒，结果饿死100万人，外逃200万人，这一灾难被载入史册，从问题的严重性，也可以看出马铃薯生产的重要性。

20世纪80年代初期,卢旺达人均年消费马铃薯46千克,其中部分地区人均年消费261千克,说明马铃薯在当地生产和人民生活中确有举足轻重的影响，甚至左右着人民的生活水平。

由于马铃薯单位面积生物产量高，增产潜力大，从高山之巅到不毛之地的滩涂，都可以种植，因而，马铃薯生产发展很快。有关资料显示，全世界已有126个国家和地区种植马铃薯，并成为小麦、水稻和玉米之后的第四大粮食作物，发展前景十分广阔。

附录2　常用维生素种类及特征特性

常用维生素种类及特征特性

维生素名称	其他名称	特征特性
维生素A	视黄醇	柱状结晶，黄色，脂溶性，不溶于水，见光，接触空气，分解失效
维生素 B_1	硫胺素	针板状结晶体，无色，溶于水，有米味，见光分解，在酸性介质中耐高温，在碱性介质中加热易分解
维生素 B_2	核黄素，卵黄素	结晶体，黄色，水溶性差，见光易分解
维生素 B_3	泛酸，抗皮炎维生素	易被酸、碱水解
维生素 B_4	胆碱	
维生素 B_5	烟酸，维生素PP，尼克酸	对热稳定
维生素 B_6	吡哆素，吡哆醇	结晶体，无色，耐高温，见光极易分解，遇碱不稳定，水溶性
维生素 B_{11}	叶酸，维生素M	
维生素 B_{12}	钴维素，氰钴胺素	
维生素C	抗坏血酸	结晶体，无色，溶于水，呈酸性
维生素D	胆钙化醇，骨化醇	针状晶体，无色，不溶于水，不怕光，不怕高温抗佝偻病维生素
维生素E	生育酚	油状，淡黄色，不溶于水，怕光，怕冻，十分怕氧，可耐200℃高温
维生素H	生物素	
维生素K	甲萘醌，抗出血维生素	脂溶性

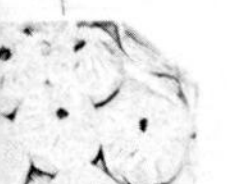

附录 3　几种因素对常用维生素稳定性的影响

各种因素对常用维生素稳定性的影响

维生素名称	影响因素						适宜稳定范围
	水分	氧化	还原	微量元素	热	光	
维生素 A	弱敏感	敏感	不敏感	敏感	敏感	敏感	中性、弱碱性
维生素 D	弱敏感	弱敏感	不敏感	敏感	敏感	敏感	中性、弱碱性
维生素 E	不敏感	不敏感	不敏感	弱敏感	不敏感	不敏感	中性
维生素 K	弱敏感	不敏感	敏感	敏感	敏感	弱敏感	中性、弱碱性
维生素 B_1	弱敏感	弱敏感	敏感	敏感	敏感	不敏感	酸性
维生素 B_2	不敏感	不敏感	敏感	不敏感	不敏感	弱敏感	弱酸性、中性
维生素 B_6	不敏感	不敏感	不敏感	敏感	不敏感	弱敏感	弱酸性
维生素 B_{12}	不敏感	弱敏感	弱敏感	弱敏感	弱敏感	弱敏感	弱酸性
维生素 C	弱敏感	敏感	不敏感	敏感	不敏感	敏感	酸性、中性
泛酸钙	敏感	不敏感	不敏感	弱敏感	弱敏感	不敏感	弱碱性
叶酸	弱敏感	不敏感	不敏感	敏感	敏感	敏感	弱碱性
烟酸	不敏感	不敏感	不敏感	不敏感	不敏感	不敏感	弱碱性
烟酰胺	敏感	不敏感	不敏感	不敏感	不敏感	不敏感	中性
氯化胆碱	敏感	不敏感	不敏感	不敏感	不敏感	不敏感	酸性、中性
生物素	不敏感	不敏感	不敏感	敏感	敏感	不敏感	弱酸性
类胡萝卜素	弱敏感	敏感	不敏感	敏感	敏感	敏感	中性、弱碱性

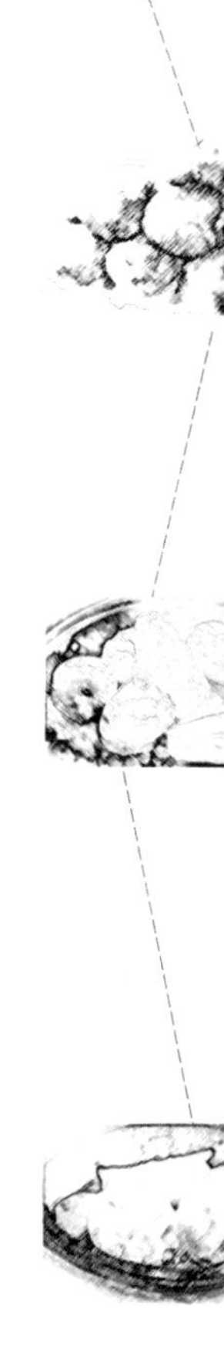

资料来源：邱楚武．2008. 饲料添加剂的配制及应用［M］．北京：金盾出版社．

附录4　用水浮法称重查马铃薯比重、干物质和淀粉含量

用水浮法称重查马铃薯比重、干物质和淀粉含量

5 000克薯块在水中重量（克）	比重（克/立方厘米）	干物质（%）	淀粉（%）
300	1.063 8	16.219	10.311
305	1.065 0	16.476	10.563
310	1.066 1	16.711	10.795
315	1.067 2	16.947	11.027
320	1.068 4	17.204	11.280
325	1.069 5	17.439	11.512
330	1.070 7	17.696	11.765
335	1.071 8	17.931	11.996
340	1.073 0	18.188	12.249
345	1.074 1	18.423	12.481
350	1.075 3	18.680	12.734
355	1.076 4	18.916	12.967
360	1.077 6	19.172	13.219
365	1.078 7	19.408	13.451
370	1.079 9	19.665	13.704
375	1.081 1	19.921	13.953
380	1.082 2	20.157	14.189
385	1.083 4	20.414	14.403
390	1.084 6	20.670	14.694
395	1.085 8	20.927	14.947
400	1.087 0	21.184	15.201
405	1.088 1	21.419	15.432
410	1.089 3	21.676	15.685
415	1.090 5	21.933	15.938
420	1.091 7	22.190	16.191
425	1.092 7	22.447	16.445
430	1.094 1	22.703	16.697
435	1.095 3	22.960	16.949

（续）

5 000 克薯块在水中重量（克）	比重（克/立方厘米）	干物质（%）	淀粉（%）
440	1.096 5	23.217	17.206
445	1.097 7	23.474	17.456
450	1.098 9	23.731	17.709
455	1.100 1	23.987	17.961
460	1.101 3	24.244	18.215
465	1.102 5	24.501	18.483
470	1.103 8	24.779	18.742
475	1.105 0	25.036	18.995
480	1.106 2	25.293	19.248
485	1.107 4	25.549	19.494
490	1.108 6	25.806	19.735
495	1.109 9	26.085	20.028
500	1.111 1	26.341	20.280
505	1.112 3	26.598	20.551
510	1.113 6	26.876	20.807
515	1.114 8	27.133	21.060
520	1.116 1	27.411	21.334
525	1.117 3	27.668	21.587
530	1.118 6	27.946	21.861
535	1.119 8	28.203	22.203
540	1.121 1	28.481	22.351
545	1.122 3	28.760	22.663
550	1.123 6	29.016	22.915
555	1.124 9	29.295	23.189
560	1.126 1	29.551	23.442
565	1.127 4	29.830	23.716
570	1.128 7	30.086	23.969
575	1.129 9	30.365	24.244
580	1.131 2	30.643	24.517
585	1.132 5	30.921	24.791
590	1.133 8	31.199	25.065
595	1.135 1	31.477	25.339
600	1.136 4	31.756	25.614
605	1.137 7	32.034	25.887

资料来源：谭宗久，等.2000. 马铃薯高效栽培技术［M］. 北京：金盾出版社.

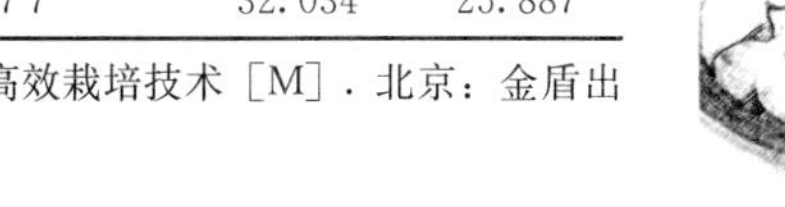

具体作法：

1. 选无病、无伤的薯块，用水洗净晾干或擦干。

2. 用细网袋装好薯块，准确称取5 000克。

3. 准备好一桶水，把称好的装在细网袋内的5 000克薯块放在水桶中（不托底、不碰壁）称重，得出在水中漂浮的重量。

4. 利用薯块在水中漂浮的重量查比重、干物质和淀粉占的比例，据此计算干物质及淀粉的含量。

附录5　马铃薯蛋白质质量实验

为进一步明确马铃薯蛋白质质量的优良性，专家曾进行了微生物、动物和人的三个层次实验，现分别介绍如下：

1. 微生物分析实验。为进一步评价马铃薯的营养价值，对其总氮及蛋白质进行了一系列的实验。一项微生物分析实验结果表明，马铃薯总氮和非蛋白态氮的生物值分别为84%和78%。另一项分析结果是，蛋白质的生物值在77%～82%之间，实验结果基本一致，说明蛋白态氮和非蛋白态氮的利用率是很高的。

2. 动物饲养实验。一项动物饲养实验结果显示，在以玉米、大米为基础饲料喂养老鼠的实验中，用马铃薯替代基础饲料（玉米和大米）的25%，其余仍为基础饲料，用这种混合饲料饲喂老鼠，结果老鼠生长发育明显好于用基础饲料饲喂的老鼠。用马铃薯蛋白质饲料饲喂刚断奶的幼鼠，比用大米蛋白质饲喂的效果更好。

一项研究结果表明，马铃薯蛋白质的消化率为60%～80%；另一项研究结果为71.1%～74.9%，平均为72.4%，结果基本一致。

研究结果还表明，总氮占干物质比例多少影响蛋白质的消化率，用总氮占干物质重1.4%的马铃薯样品实验，其蛋白质的消化率为82.7%；而用总氮占干物质重3.07%的样品实验，其蛋白质的消化率达90.8%，随着总氮占干物质重量比

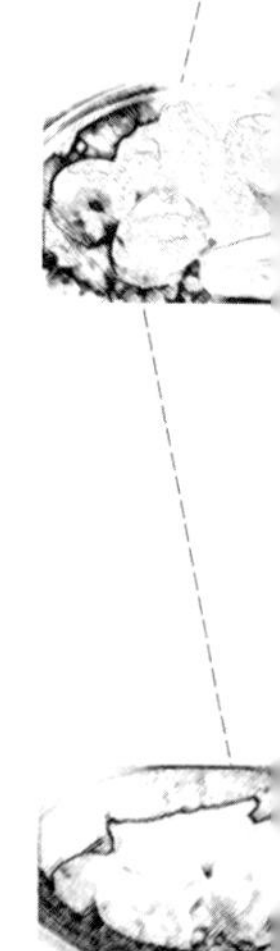

例的提高，蛋白质的消化率也随之加大，这可能与总氮含量高及其游离态氨基酸含量多，以及纤维态氮含量少有关。

3. 成人及儿童实验。

例1，成年男女在饮食中全部用马铃薯提供各种氮化物，特别是蛋白质，结果都能维持体内的氮素平衡，并保持良好的健康状况。

例2，一名青年妇女按每天每千克体重用氮化物96毫克的比例食用马铃薯，连续食用7天，检测结果表明，她体内氮素平衡，且健康状况良好。

例3，成年男女各一人，体重均为70千克，每天食用马铃薯蛋白质，男的为36克，女的为24克，连续食用6个月，结果都能保持体内氮素平衡，且健康状态良好。

例4，3名身体健康的大学生进行维持体内氮素平衡实验，需用蛋白质的平均用量是，食用马铃薯蛋白质的为每千克体重0.545千克；食用鸡蛋蛋白质的为每千克体重0.505克，两者相差0.04克。结果食用马铃薯蛋白质同食用鸡蛋蛋白质一样，完全能维持他们的体内氮素平衡。同时，还可以看出，马铃薯蛋白质与牛肉、金枪鱼、面粉、大豆、大米、玉米和蚕豆等食物的蛋白质营养相比，一点也不逊色，甚至营养价值更高。

例5，一名大学生用马铃薯提供所需蛋白质的95%，每千克体重用蛋白质0.518克，结果能保持体内氮素平衡，且身体健康。

例6，一组青年人食用L-蛋氨酸强化的马铃薯片，提供日需蛋白质量的80%，结果能保持体内氮素平衡和良好的

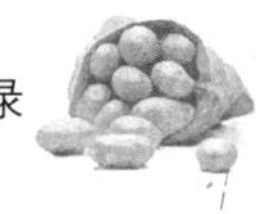

健康状态。

例 7，11 个 8～35 个月的婴儿的饮食蛋白质均用马铃薯蛋白质供给，吃两餐马铃薯蛋白质的婴儿同吃一餐奶酪蛋白的氮素量相等，并都只提供约为 5%的能量。结果第一组婴儿食用加入马铃薯（每 100 克含蛋白质 5.75 克）的饮食，蛋白质的消化率为 79%，供日需能量的 75%；第二组婴儿食用加入脱水马铃薯（100 克含蛋白质 9.13 克）的饮食，蛋白质的消化率为 92%，供日需能量的 50%。因为含蛋白质多的薯片含淀粉少，消化性好，再加上游离态的氨基酸多，故消化率高，而含蛋白质少的薯片含淀粉多，影响消化率，故消化率低。

例 8，一组婴儿食用马铃薯食物 3 个月，结果获得他们所需能量的 50%～75%，所需蛋白质的 80%，再搭配其他食物，保障了婴儿正常的生长发育和身体健康。

以上实验结果表明，对于成年人全都用马铃薯供给饮食中的蛋白质，无论是男人还是女人，均能保持体内氮素平衡，并保持良好的健康状态；对于婴儿来说，马铃薯蛋白质、氨基酸也能满足生长发育的需要。但是，因马铃薯体积大，食用量大，消化性差，再加上婴儿胃容积小，限制了对它的食用。因此，应该与其他蛋白质含量高、体积小的食物搭配食用。

在一些发展中国家，一些蛋白质含量高、碳水化合物消化率高的马铃薯，已作为断奶食品进行开发，生产前景看好。

总之，在复合型饮食中，马铃薯蛋白质无论在数量上还是在质量上，都起着重要的作用。所以，在日常生活中应该重视食用马铃薯，以保障身体健康。

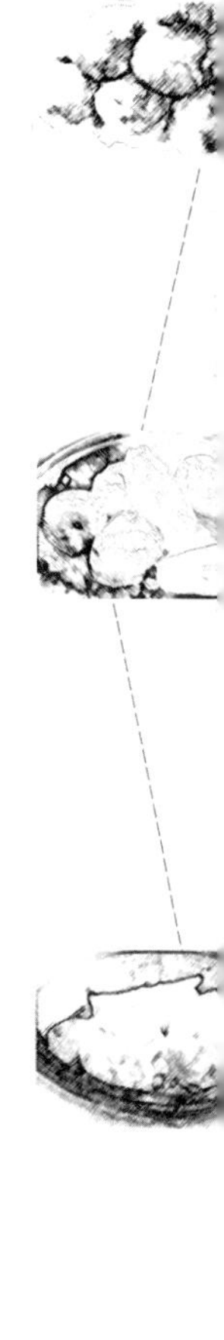

附录 6　我国食物生产、消费和营养发展目标

我国食物生产、消费和营养发展目标

项目		单位	2010 年基本小康社会	2020 年全面小康社会	2030 年富裕阶段
食物生产目标	粮食总产	万吨	54 786	65 600	74 600
	人均占有	千克	391	437	472
	油料总产	万吨	3 394	4 420	5 230
	人均占有	千克	24	29	33
	糖料总产	万吨	15 555	17 440	19 710
	人均占有	千克	111	116	125
	水果总产	万吨	6 800	8 230	9 250
	人均占有	千克	49	55	59
	肉类占有	万吨	7 275	7 975	8 380
	人均占有	千克	52	53	53
	禽蛋总产	万吨	2 650	3 280	3 810
	人均占有	千克	19	22	24
	奶类总产	万吨	2 390	3 890	5 230
	人均占有	千克	17	26	33
	水产品总产	万吨	5 000	5 800	6 380
	人均占有	千克	36	39	40
食物消费目标（人均消费量）	谷物	千克	152	147	146
	豆类	千克	13	15	20
	植物油	千克	10	10	10
	蔬菜	千克	149	157	180
	水果	千克	40	48	53
	肉类	千克	29	28	28
	奶类	千克	18	28	41
	蛋类	千克	15	17	17
	水产品	千克	17	19	19
食物营养目标（人均年摄取量）	热量	千卡	2 289	2 295	2 347
	蛋白质	克	77	81	86
	脂肪	克	67	67.5	72

注：1992 年人均年摄取热量 2328 千卡，蛋白质 68 克，脂肪 58 克。

资料来源：农民日报，2003-09-17（5）.

附录7　不该一起吃的食物

1. 不利铜吸收的食物。铜在动物肝脏、菠菜和鱼类中含的较多，如果与瘦肉（含锌较多）混合食用，上述食物析出的铜就会大量减少，摄取量当然也随之减少。

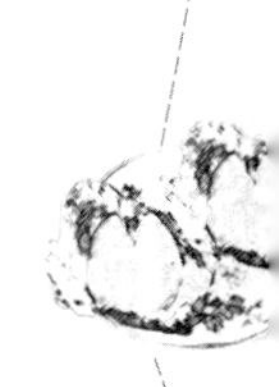

上述富含铜的食物如果与富含维生素C的番茄、大豆、柑橘类食物混合食用，就会抑制食物中铜的析放量，也影响摄取量。

2. 牛肉与白酒同食易上火，容易引起牙根发炎。

3. 不利于钙吸收的食物。牛奶、虾皮中含钙较多，如果与含草酸较多的菠菜、苋菜、韭菜和大豆混合食用，就会形成不溶的草酸钙，影响对钙的吸收。

4. 小葱拌豆腐不可取。理由同3，影响钙的吸收。

5. 不利于铁吸收的食物。铁在黑木耳、海藻类、动物肝脏中含的较多，如果与含单宁较多的咖啡、茶叶、红酒等混合食用，就会影响人体对铁的吸收。

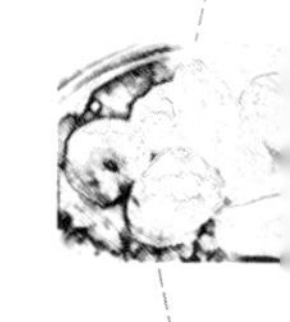

6. 羊肉和醋不可同食。羊肉大热，如果与含蛋白、糖类、维生素、醋酸及其他有机酸混合食用，就会降低醋消肿活血的功能及作用。

7. 不利于锌吸收的食物。锌在瘦肉、鱼、牡蛎和谷类食物中含的较多，如果与高纤维的食物同时进食，就会影响人体对锌的吸收。

8. 酒不利于维生素的吸收。酒精能干扰人体对多种维

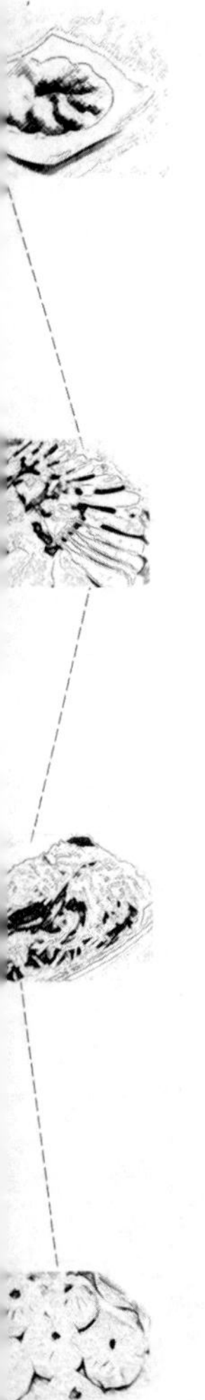

生素的吸收，故饮酒能影响对食物中维生素 D、维生素 B_1 和维生素 B_{12} 的吸收。

（原载《河北农业科技》2003 年第 4 期）

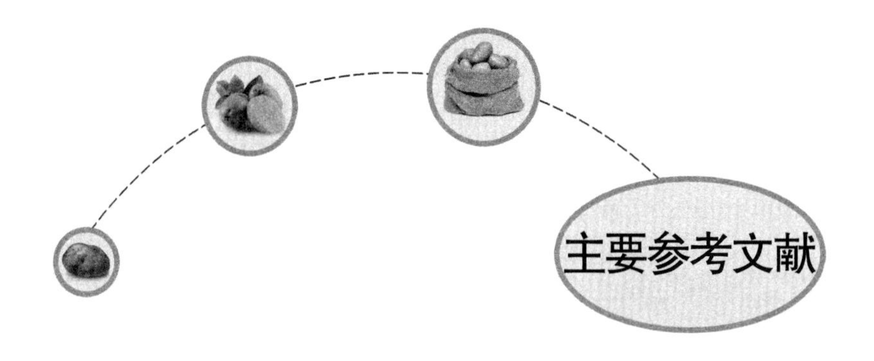

本报评论员 .2015. 让马铃薯逐渐成为餐桌上的主食［N］. 农民日报，2015-01-07（1）.

杜连启 .2008. 马铃薯食品加工技术［M］. 北京：金盾出版社.

方式，杨不扬 .2003. 山药蛋［N］. 承德晚报，2003-12-22（13）.

郭芳彬 .2003. 神奇的蜂王浆［M］. 北京：中国农业出版社.

赖凤香，林昌庭 .2003. 马铃薯稻田免耕稻草全程覆盖栽培技术［M]. 北京：金盾出版社.

李济宸，等，1995. 马铃薯施含氯化肥的研究概况［J］. 世界农业（2）：26-27.

李济宸，李群 .2009. 我国马铃薯产业现状、问题及发展对策［J］. 科学种养（7）：4-5.

李济宸 .1998. 关于马铃薯生产施用氯化钾的建议［J］. 河北农业大学学报，21 卷增刊：139-140.

毛杰，毛俊 .1994. 减肥佳品——马铃薯［N］. 光明日报，1994-05-10（3）.

屈冬玉，谢开云 .2008. 中国人如何吃马铃薯［M］. 八方文化创作室.

谭宗九，等，2000. 马铃薯高效栽培技术［M］. 北京：金盾出版社.

余欣荣 .2015. 以科技创新引领马铃薯主粮化发展［N］. 农民日报，

2015-01-07（1）.

余松烈.1980.作物栽培学：北方本［M］.北京：农业出版社.

中国农作物学会马铃薯专业委员会.发展马铃薯炸片炸条前景等三则［N］.农民日报，2000-08-25（5）.

Jennifer A. Woolfe. 1987. The Potato in the Human Cliet［M］. Publis Shed by Press Syndicate of the University of Cambridge London.